# COMPACT CASSETTEN RECORDER REPORT
## Seltene PHILIPS & NAKAMICHI Werbung



# The first serious cassette tape deck.

Of all the cassette tape players and decks around, only a handful make a serious claim to high-fidelity sound reproduction.

And the few that do claim they sound on a par with today's good stereo systems, are missing some extremely important features. Features included together for the first time in this Fisher stereo deck.

The RC-70, as it is called, records and plays back anything from 30 Hz to 12,000 Hz. Which is just about everything you can hear. Record and playback amplifier distortion are inaudible.

We specially selected the narrow-gap, high-resolution tape heads for their extremely wide frequency response on record and playback.

And the Fisher cassette deck has separate VU meters for left and right channels. Clutched record-level controls (they work together or separately). A digital counter with pushbutton reset. A pair of professional-quality microphones. Features you usually find only in expensive reel-to-reel recorders.

Unlike the less serious decks, the Fisher has an electronically stabilized solid-state power supply, to eliminate wow and flutter caused by varying voltages. It operates steadily on anything from105 to 130 volts (60 cycles, AC).

There are enough pushbutton controls, inputs and outputs to please any audiophile.

The unit is enclosed in a case made from the same high impact ABS plastic used in telephones.

And in keeping with the seriousness of this Fisher tape deck is the price: $149.95.

So low it isn't funny.

(For more information, plus a free copy of the Fisher Handbook 1968, an authoritative reference guide to hi-fi and stereo use coupon on page 1.)

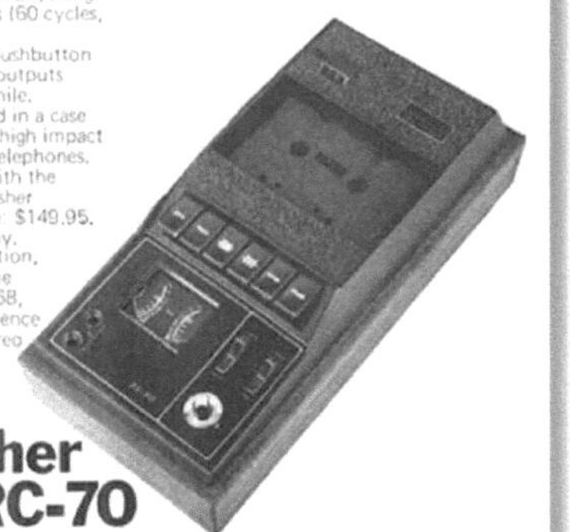

**The Fisher RC-70**

CIRCLE NO. 40 ON READER SERVICE CARD

## THE FISHER
## mit NAKAMICHI Chassis

**Bibliografische Information durch die Deutsche Nationalbibliothek**
**Die Deutsche Nationalbibliothek verzeichnet diese Publikation in der Deutschen Nationalbibliografie; detaillierte bibliografische Daten sind im Internet über http://dnb.dnb.de abrufbar.**

Lou Ottens entwickelte den PHILIPS Taschen-Recorder EL 3300. 1963 wurde das Gerät auf der Funkausstellung vorgestellt. Hier im Fotobuch sind seltene Werbeplakate zu sehen. Einer der erfolgreichsten späteren Entwickler war NAKAMICHI. Es begann bei PHILIPS mit einem Frequenzbereich bis 5000 Hz. Das Spitzenmodell von NAKAMICHI 1000 ZXL erreicht Frequenzen bis 25000 Hz. Auch einige seltene Werbehefte sind hier abgebildet.

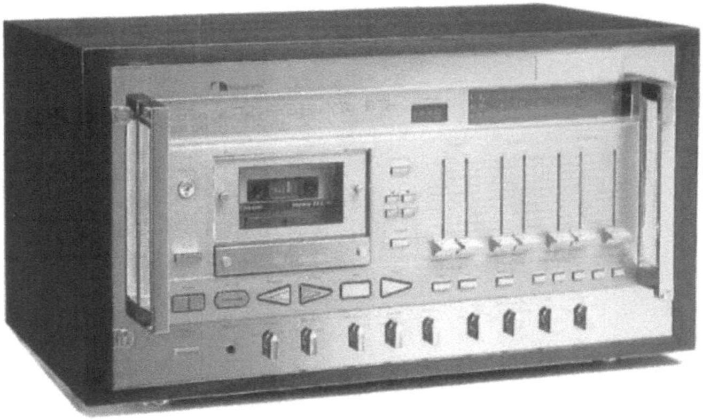


**Herstellung und Verlag:**
**BoD – Books on Demand, Norderstedt**
ISBN 9-78373-4-76249-9

Sueltz Books INTERNATIONAL

# •WORLD'S FIRST!•

## PHILIPS EL3300 CASSETTE REC/PLAYER

### & TAPE CARTRIDGES (*cassette tapes*)

launched at the Berlin Radio Show 30th August 1963

**and in the UK a year later in 1964**

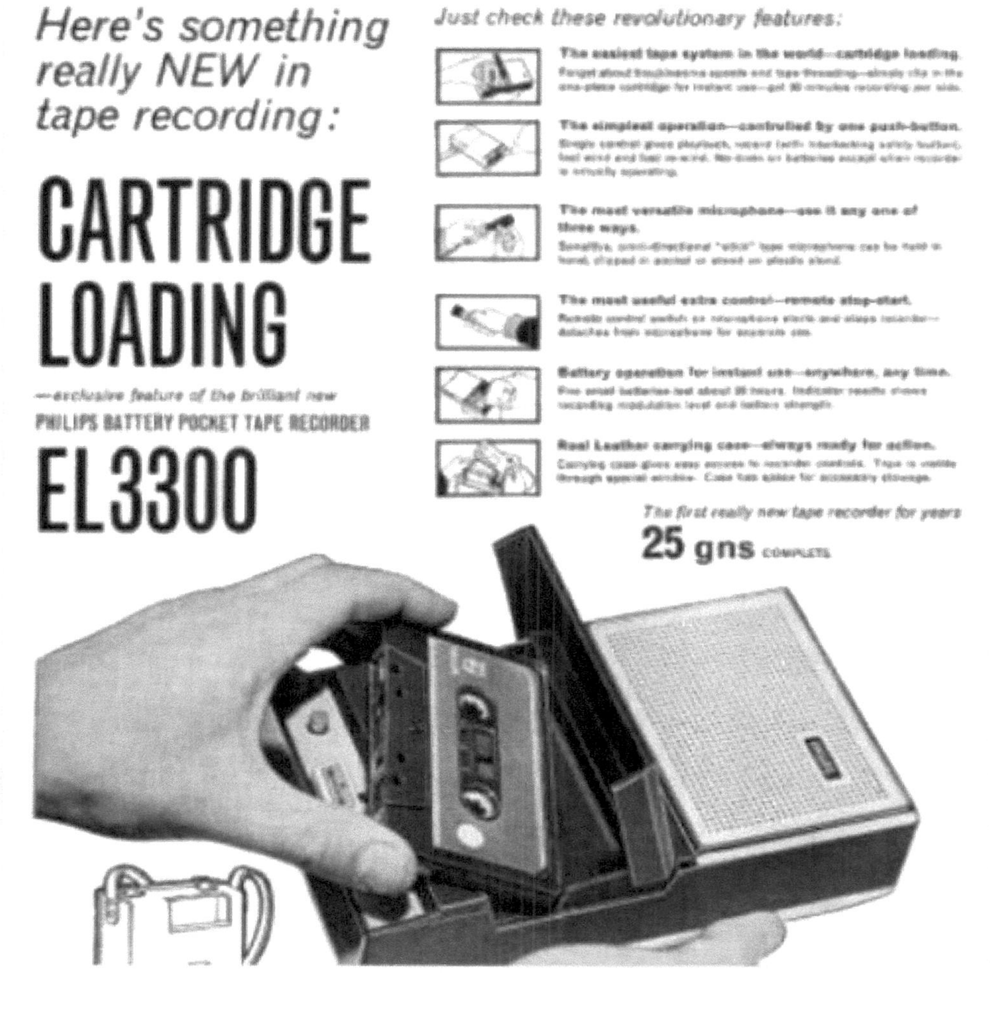

# 1963

**Un événement.**
**Philips lance le 1er magnétophone à cassettes.**

1974
C'est le 24e modèle de magnétophone à cassettes Philips.
Il est stéréo.
Philips a conçu cette gamme. La voici.
Nom
Adresse
Rien n'empêche plus les cassettes d'être stéréo.
PHILIPS

# Le dernier Claude François?

# Ton prochain reportage?

...Ecoute-le
sur musicassette

...Enregistre-le
sur cassette!

## ... les deux plaisirs sur le magnétophone à cassettes Philips!

**1** **La musicassette** contient une bande magnétique pré-enregistrée.
Quelle facilité : glisse-la dans le magnétophone, clic, pousse une touche, clac : musique en long-playing! Toutes tes vedettes préférées enregistrent sur musicassettes... inusables, ingriffables!

**2** **La cassette** contient une bande vide et te permet d'enregistrer toi-même avec la même facilité (clic-clac) reportages, cours, etc.
**Le magnétophone à cassettes Philips.** Emporte-le partout : il joue sur piles (tu peux aussi l'adapter sur secteur!). Et sa puissance, sa sonorité étonnent les spécialistes.

**Une démonstration**
Entre vite chez le distributeur Philips. Il te fera volontiers essayer le tout.

| | |
|---|---|
| La musicassette long-playing | **295 F** |
| La cassette pour enregistrer (60 min.) | **135 F** |
| (90 min.) | **185 F** |
| Le magnétophone à cassettes | **4.450 F** |
| L'adaptateur/secteur | **650 F** |

Publicem 6C39/204

**PHILIPS**
c'est plus sûr!

Exige
les piles
Philips

PHILIPS - 75 ANS DE PROGRES - PHILIPS - 75 ANS DE PROGRES - PHILIPS - 75 ANS DE PROGRES - PHILIPS

# Le cadeau le plus attendu de l'année !

### *Pour écouter ou enregistrer de la musique :*

# le Mini K7 et la Musicassette

Ne cherchez plus le cadeau dont rêvent les jeunes, celui qui les fera sauter de joie quand vous leur offrirez... c'est le Mini K7 !

**Un Mini K7... que de joies en perspective !** Sa taille miniature, sa simplicité, sa musicalité ont fait du Mini K7 la vedette de la série Philips K7, gamme de magnétophones spéciaux pour jouer les musicassettes. Performances remarquables ! Mais dimensions réduites grâce aux récents pefectionnements de la miniaturisation électronique...

Place à la musique ! Glissez une musicassette dans un Mini K7, poussez une touche... ça y est !

Voulez-vous enregistrer ? Glissez une cassette vierge, poussez une touche... et voilà !

Partir Mini K7 en bandoulière... jouer les musicassettes, enregistrer, quand il plaît, où il plaît, c'est formidable.

**Un cadeau aussi... la musicassette.**

**Un cadeau original !** Ce minuscule boîtier contient, enregistrée sur ruban magnétique, autant de musique qu'un 33 tours de 30 cm !

**Un cadeau durable !** Le ruban magnétique inrayable, incassable, indéformable, donne après des mois la même reproduction fidèle !

**Un cadeau "renouvelable" !** Les grandes vedettes enregistrent sur musicassettes pour Philips, Fontana, Mercury... et la plupart des grandes marques ! Des milliers de titres sont annoncés, une superbe collection à compléter petit à petit !

Documentation et démonstration sur demande à Philips, 48, av. Montaigne, Paris 8e et chez tous les revendeurs spécialisés Magnétophones Philips.

**PHILIPS**

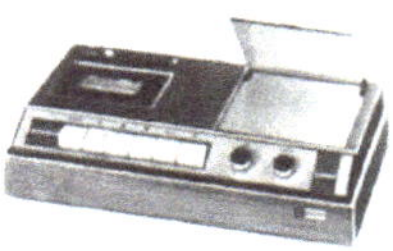

**MONO K7** - EL 3310 appareil secteur avec grand haut-parleur et réglage automatique du niveau d'enregistrement.

**MAGI K7** - EL 3303 appareil fonctionnant sur piles, grand haut-parleur, prise pour haut-parleur supplémentaire et contrôle de tonalité.

**AUTO K7** - EL 3305 se branche sur l'autoradio pour l'écoute en voiture des musicassettes.

**UNI K7** - EL 3794 berceau spécial pour l'utilisation complète en voiture du Mini K7, se raccorde à l'autoradio.

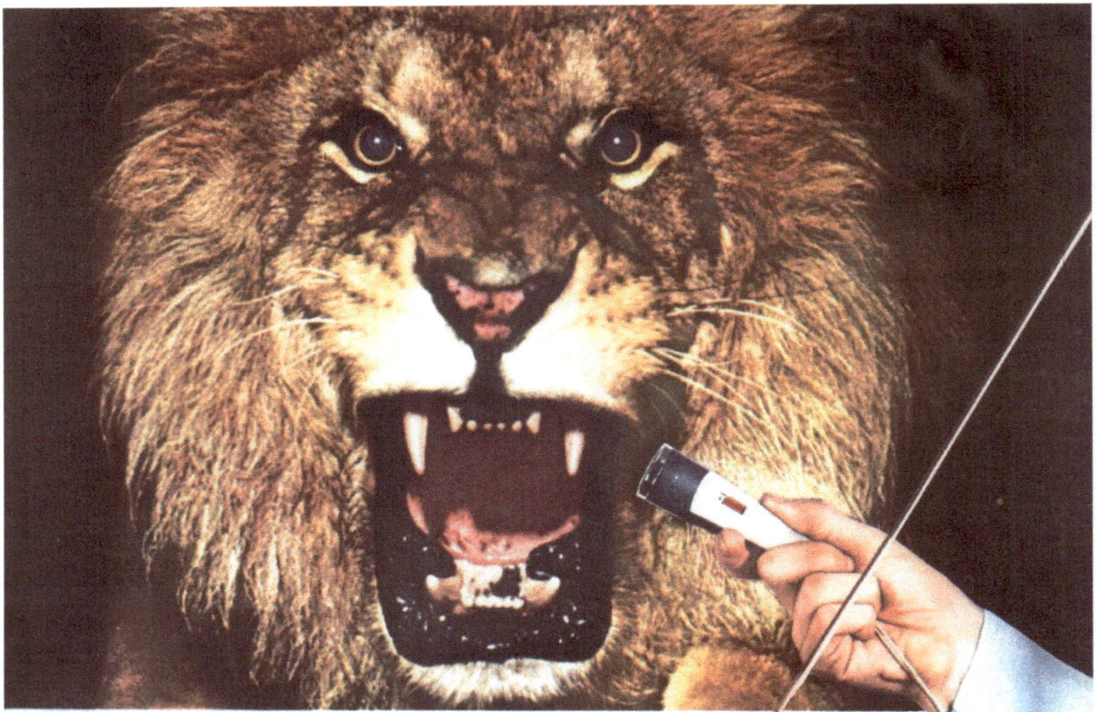

*Tous "chasseurs de son"!*

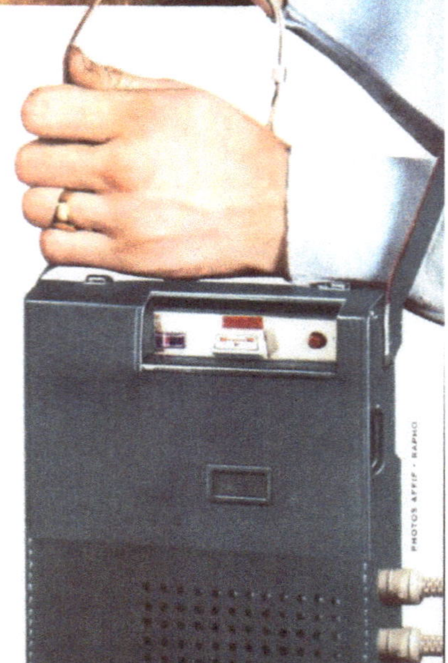


avec le

# Magnétophone **PHILIPS**

## EL 3301 - TOUT TRANSISTORS, A PILES

Petit, léger, il ne vous encombre pas plus qu'un appareil photo. Un bruit étrange ? Une conversation comique ? Un coup de pouce sur le micro et c'est enregistré ! Votre magnétophone entend tout. Il conserve tout, pour vous. Et maintenant, écoutez-le : quelle fidélité ! Il vous permet aussi d'emporter partout votre musique préférée.

Fourni avec micro à télécommande, cassette et sacoche

**515 F + t.l.**

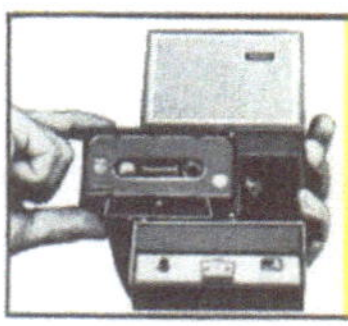

**2 secondes pour changer la cassette** contenant les deux bobines. C'est aussi facile que de mettre une pièce dans un distributeur automatique.

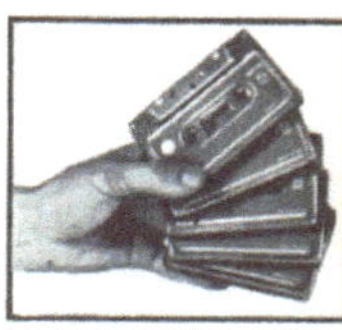

**5 heures de musique ou de documents sonores entre 2 doigts :** chaque cassette à bande double piste contient une heure d'audition.

Documentation ou démonstration sur demande à Philips, service SM, 48, avenue Montaigne, Paris 8e et chez tous les revendeurs spécialisés Magnétophones Philips.

ELVINGER - 15 169 PHOTOS AFFIF - RAPHO

INTERMARCO-ELVINGER

# enregistrez aussi facilement que vous photographiez

Braquez le micro, un déclic. C'est tout.
Le Mini K 7 enregistre. Un rire, un chant, un murmure, un bavardage, tout.
Pour écouter, un deuxième déclic. Les sons jaillissent.
Une vérité stupéfiante, la vérité. Avec ses nuances, ses subtilités.
Enregistrez tous ces instants qui ne reviendront jamais.
Emportez partout votre Mini K 7 en bandoulière.
Il est léger, maniable. Il gardera le souvenir de tout.
Un souvenir qui ne jaunit pas.

Livré avec sacoche, micro et cassette.
**Il ne vous coûtera même pas 400 F**

**Mini K7**

Documentation sur demande : Philips, département Enregistrement, service PM - 50, avenue Montaigne, Paris 8e - 2, 4, cité Paradis, Paris 10e

**PHILIPS**

Mini-K7
Radiola
une petite merveille pour enregistrer ou écouter de la musique
Follement nouveau !
Un geste : le Mini-K7 est chargé
Aussi facilement que vous mettez une lettre à la poste, vous placez dans le Mini-K7... une cassette - petit boitier contenant un fin ruban magnétique - qui s'enclenche automatiquement.
Ainsi chargé, sans risque de fausse manœuvre, le Mini-K7 est prêt à enregistrer tout ce que vous voudrez, pendant une heure.
Une touche : vous enregistrez ou vous écoutez.
Tout petit magnétophone à transistors et piles, le Mini-K7 est d'un fonctionnement enfantin.
Enregistrement ? Vous branchez le micro, vous poussez une touche... et vous "prenez" tout ce qui vous plait, où il vous plait, quand il vous plait.
Ecoute ? Vous poussez une touche (la même) et vous écoutez vos propres enregistrements, ceux de vos amis... ou encore vos Musicassettes.
Le Mini-K7 peut aussi se brancher sur une chaine Hi-Fi, un récepteur radio ou un téléviseur : et alors... quelle musicalité !
Follement nouveau aussi : les MUSICASSETTES !
Les Musicassettes? Des cassettes (préenregistrées par Philips, Fontana, Mercury, Polydor) sur lesquelles vous retrouverez vos vedettes préférées, vos airs et vos rythmes favoris.
Tout comme un disque sur un électrophone, mettez une Musicassette sur votre Mini-K7, poussez la touche : place à la musique !
Et comme elles sont pratiques, les Musicassettes ! Quelques-unes dans la poche, ou le sac : des heures de musique, en promenade, en voiture, en bateau, en camping, bref... partout, aussi bien que chez vous.
Le Mini-K7 et ses cassettes ? C'est, pour la première fois, la musique en bandoulière. N'êtes-vous pas tenté? Demandez le catalogue Musicassettes à votre disquaire ou votre revendeur radio qui vous fera, par la même occasion, une démonstration du Mini-K7.
Prix : 29,90 F t.l.c.
Radiola

cassettophone
musique en liberté !
Voici venu le temps de la musique qu'on s'offre comme une cigarette. Chez soi (sur secteur), dehors (sur piles). Le cassettophone joue n'importe où, dans toutes les positions. En long, en large, la tête en bas.
Radiola
Le cassettophone, ce n'est ni un électrophone, ni un magnétophone. C'est le premier appareil spécial pour jouer les musicassettes . Une façon radicalement neuve d'écouter la musique. D'une simplicité totale. Vous glissez une musicassette dans le cassettophone, la musique surgit, pure, claire, fidèle, sans le moindre bruit de fond.
Le cassettophone ? La dernière "boite" à la mode avec un programme étourdissant : tous les "hits", tous les classiques.
CASSETTOPHONE RADIOLA 169F

PHILIPS
Fangen Sie das Leben ein...
... mit dem Philips Cassetten-Recorder 3302
Wenn Sie einen Philips Cassetten-Recorder besitzen, geht Ihnen nichts verloren: Erstes Baby-Stammeln, Stegreif-Reden, die Stimmen der Natur, die Melodie der Großstadt, eine interessante Rundfunk-Sendung – Sie können sie festhalten. Mit ein paar Handgriffen, denn der Philips Cassetten-Recorder ist leicht zu bedienen. Überall benützen können Sie ihn auch – und handlich ist er obendrein.
Wenn Sie aber nicht nur am „Selbstaufgenommenen" Freude haben, dann kaufen Sie sich mal eine bespielte Cassette, eine MusiCassette. Wetten, daß Sie mit dem „Sound" Ihres Cassetten-Recorders genauso zufrieden sein werden wie mit seiner Aufnahmeleistung?
Philips Cassetten-Recorder 3302 mit Batteriebetrieb: Drinnen und draußen ein ideales Aufnahme- und Wiedergabegerät für alle, die sich aus der Leistung viel und aus dem Bedienungsaufwand wenig machen.
Durch elektronisch geregelten Motor immer betriebssicher! Sie erhalten ihn mit Fernbedienung, Mikrofon, Tragetasche, Compact-Cassette und Überspielkabel.
PHILIPS
Senden Sie diesen Coupon an die Deutsche Philips GmbH, 2 Hamburg 1, Postfach 1093. Sie erhalten von uns kostenlos den Philips Tonbandgerätekatalog.

# Follement nouveau !

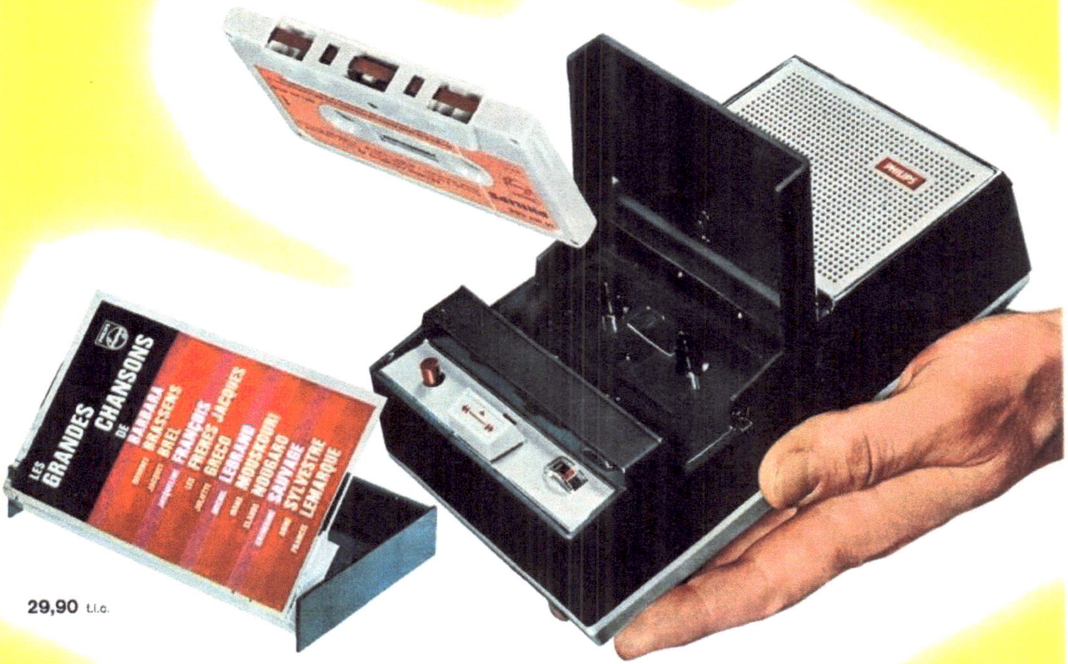


29,90 t.l.c.

## Pour écouter ou enregistrer de la musique :

# la Musicassette et son Mini-K7

*le gadget le plus étonnant de l'année*

**Près d'une heure de musique ou de chansons au format d'un paquet de cigarettes.** C'est plus qu'un gadget : c'est une révolution ! Dans ce boîtier minuscule qui pèse moins de 40 g vous avez près d'une heure de musique enregistrée sur un ruban magnétique plus fin qu'un serpentin.

**Vos vedettes préférées,** vos airs et vos rythmes favoris existent maintenant sur des Musicassettes enregistrées par Philips, Fontana, Mercury, Polydor. Vous trouverez bientôt des milliers de titres !

**Jamais d'usure, jamais de rayure :** le ruban magnétique ne peut ni se casser, ni se rayer, ni se déformer. Après des années il donne une reproduction aussi fidèle, aussi puissante qu'au premier jour et aussi dépourvue de bruit de fond.

**Quelques Musicassettes dans la poche ou le sac...** et voilà des heures de musique que vous écouterez en promenade, en voiture, en bateau, en camping, aussi bien que chez vous !

## Pour écouter partout vos Musicassettes : le Mini-K7 Philips

Le Mini-K7 est un tout petit magnétophone à transistors et piles d'un fonctionnement enfantin. Tout comme vous mettez un disque sur un électrophone, placez une Musicassette sur votre Mini-K7, poussez une touche : place à la musique ! Emportez votre Mini-K7 à l'épaule dans une sacoche... c'est la musique en bandoulière !

**Faites aussi vous-mêmes vos Musicassettes :** Le Mini-K7 est un vrai magnétophone qui vous permet aussi d'enregistrer sur des cassettes vierges tout ce qui vous plaira, où il vous plaira. Posez la cassette, poussez la touche... vous enregistrez ! Vous compléterez ainsi à l'infini votre collection de Musicassettes !

*Demandez une démonstration chez tous les Distributeurs Officiels PHILIPS et revendeurs spécialistes Magnétophone*

**PHILIPS**

ELVINGER 17.767 PHOTO AFFIF

Mini K7... Cassette...
Musicassette...
le moyen le plus jeune et le plus simple d'enregistrer et d'écouter de la musique.
"MINI K7" c'est le plus séduisant des magnétophones que vous puissiez imaginer : grâce aux progrès de l'électronique, il est tout petit mais très musical.
"CASSETTE" c'est le minuscule chargeur qui contient la bande magnétique. Finies les délicates manipulations de ruban ! Pour enregistrer, pour écouter, enclenchez la "cassette" dans le "Mini K7", enfoncez une touche, c'est tout !
Et la "MUSICASSETTE" ? C'est autant de musique enregistrée qu'un grand 33 tours sous le volume d'un étui à cigarettes. C'est ce qui rend votre "MINI K7" doublement intéressant.
Partez "MINI K7" en bandoulière, vous enregistrerez et écouterez de la musique quand et partout où il vous plaira !
Radiola
Documentation n° 1 sur demande à Radiola, 47, rue Monceau - Paris 8°
Démonstration et vente chez tous les revendeurs Radiola.
MAGI K7 - Appareil fonctionnant sur piles et secteur, grand haut-parleur, prise pour haut-parleur supplémentaire, contrôle de tonalité.
MONO K7 - Appareil secteur avec contrôle de tonalité et réglage automatique du niveau d'enregistrement.
Photo Affit.

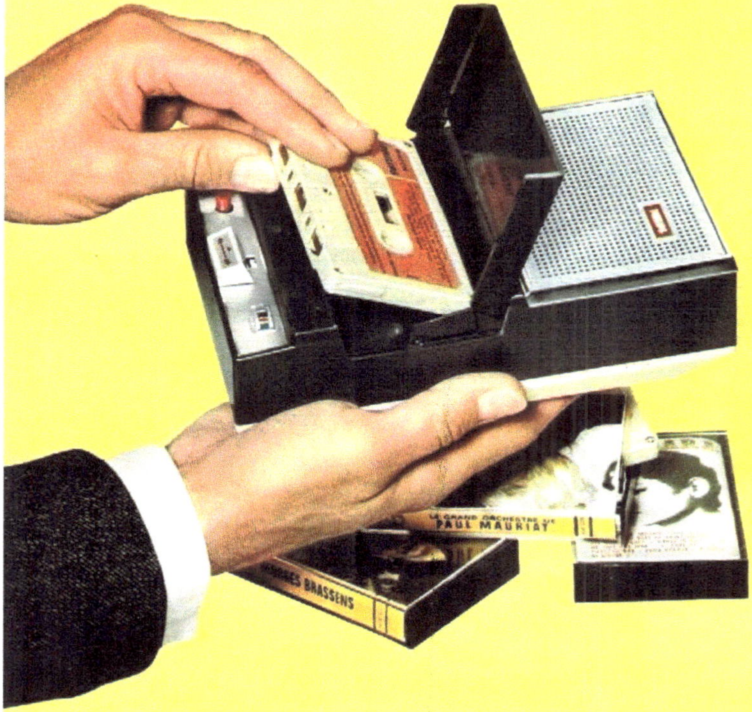


# les 2 nouvelles "idoles" de la jeunesse

***Pour écouter ou enregistrer de la musique:***

# le Mini K7 et la Musicassette

***le succès le plus foudroyant de l'année***

**Succès sans précédent pour le Mini K 7 !** sa taille miniature, sa simplicité, sa musicalité ont fait du Mini K 7 la vedette de la série Philips K 7, gamme de magnétophones spéciaux pour jouer les Musicassettes. Performances remarquables ! mais dimensions réduites grâce aux récents perfectionnements de la miniaturisation électronique.

Glissez une Musicassette dans un Mini K 7, poussez une touche... et place à la musique !

**Voulez-vous enregistrer ?** Glissez une cassette vierge, poussez la touche... ça y est !

Partez Mini K 7 en bandoulière... vous jouerez vos musicassettes, vous enregistrerez, quand il vous plaira où il vous plaira !

**Succès aussi pour la Musicassette...**

**Succès logique !** ce minuscule boîtier contient, enregistrée sur ruban magnétique, autant de musique qu'un 33 tours de 30 cm !

**Succès mérité !** le ruban magnétique inrayable, incassable, indéformable, donne après des mois, la même reproduction fidèle !

**Succès confirmé !** vos vedettes enregistrent sur Musicassettes pour Philips, Fontana, Mercury et la plupart des grandes marques.

Documentation et démonstration sur demande à Philips, 48 avenue Montaigne, Paris 8e et chez tous les revendeurs spécialisés Magnétophones Philips.

**PHILIPS**

**MONO K 7** - EL 3310 appareil secteur avec grand haut-parleur et réglage automatique du niveau d'enregistrement.

**MAGI K 7** - EL 3303 appareil fonctionnant sur piles, grand haut-parleur prise pour haut-parleur supplémentaire et contrôle de tonalité.

**AUTO K 7** - EL 3306 se branche sur l'autoradio pour l'écoute en voiture des Musicassettes.

**UNI K 7** - EL 3794 berceau spécial pour l'utilisation complète en voiture du Mini K 7. Se raccorde à l'autoradio.

# Follement nouveau !

29,90 t.t.c.

## Pour écouter ou enregistrer de la musique :

# la Musicassette et son Mini-K7

*le gadget le plus étonnant de l'année*

**Près d'une heure de musique ou de chansons au format d'un paquet de cigarettes.** C'est plus qu'un gadget : c'est une révolution ! Dans ce boîtier minuscule qui pèse moins de 40 g vous avez près d'une heure de musique enregistrée sur un ruban magnétique plus fin qu'un serpentin.

**Vos vedettes préférées,** vos airs et vos rythmes favoris existent maintenant sur des Musicassettes enregistrées par Philips, Fontana, Mercury, Polydor. Vous trouverez bientôt des milliers de titres !

**Jamais d'usure, jamais de rayure :** le ruban magnétique ne peut ni se casser, ni se rayer, ni se déformer. Après des années il donne une reproduction aussi fidèle, aussi puissante qu'au premier jour et aussi dépourvue de bruit de fond.

**Quelques Musicassettes dans la poche ou le sac...** et voilà des heures de musique que vous écouterez en promenade, en voiture, en bateau, en camping, aussi bien que chez vous !

## Pour écouter partout vos Musicassettes : le Mini-K7 Radiola

Le Mini-K7 est un tout petit magnétophone à transistors et piles d'un fonctionnement enfantin. Tout comme vous mettez un disque sur un électrophone, placez une Musicassette sur votre Mini-K7, poussez une touche : place à la musique !
Suspendez votre Mini-K7 à l'épaule... c'est la musique en bandoulière !

**Faites aussi vous-mêmes vos Musicassettes :** Le Mini-K7 est un vrai magnétophone qui vous permet aussi d'enregistrer sur des cassettes vierges tout ce qui vous plaira, où il vous plaira. Posez la cassette, poussez la touche... vous enregistrez ! Vous compléterez ainsi à l'infini votre collection de Musicassettes !

**Radiola**

47, RUE DE MONCEAU PARIS 8e TÉL. 387.64.01

Carry-Corder '150' shown 80% of actual size

# *Norelco*® Cordless Tape Recorders

## Norelco Carry-Corder® '150'

**Tiny tape cartridge loads in seconds, records for an hour**

Revolutionary tape recorder, features reusable snap-in cartridges, one button control to start, stop, wind-/re-wind tape. Separate volume controls for record and playback. Weighs only 3 lbs. with 5 flashlight batteries. 1⅞ ips constant speed capstan drive. Has dynamic microphone with detachable remote switch. Superior sound quality with frequency response of 100 to 7000 cps. Connections for recording and playback directly with radio, phono, TV or another tape recorder. 7¾" x 4½" x 2¼". **Prepacked in Deluxe Case** with 4 cartridges (each in a dust proof container with index card), microphone, fitted carrying case, mike pouch, patchcord and tape mailer. CIRCLE 51 ON READER-SERVICE CARD

## Norelco Continental '101'

100% transistorized for on the spot record/playback . . . up to 2 hours on a single reel. 2 track 1⅞ ips constant speed machine weighs 8 lbs. with 6 flashlight batteries. Features dynamic microphone, tone control, record/level/battery condition indicator. Includes direct recording patch-cord. Frequency response 80 to 8000 cps. 11" x 3¼" x 8".

CIRCLE 52 ON READER-SERVICE CARD

# PHILIPS
## Tonbandgeräte

## *Lieber Tonbandfreund!*

Sie haben erkannt, daß die Welt bunt und vielgestaltig aussieht und außerdem noch sehr interessant klingt. Deshalb möchten Sie nicht nur Bilder festhalten, sondern auch Klänge. Die Frage ist nur: wie und wie gut? Und nun sind wir bei Ihrem Problem.

In diesem Katalog stellen wir Ihnen sieben Tonbandgeräte vor. Sie sind auf unterschiedliche Anforderungen und Kundenwünsche zugeschnitten, z. B. in der Bedienung: von anspruchsvoll bis „führerscheinfrei". Oder im Antrieb: Netzanschluß oder Batterie. Unsere sieben Tonbandgeräte sind auch in anderer Hinsicht unterschiedlich, doch in einem Punkt gleichen sie sich alle: Für alle garantiert Philips mit jahrelangen Erfahrungen und Erfolgen im Bau von elektronischen Geräten.

Philips stellt alle entscheidenden Bauelemente selbst her. Sie werden präzise aufeinander abgestimmt und in jeder Phase der Herstellung genau überprüft und kontrolliert. Das gibt den Philips Geräten ihre Persönlichkeit, Wertbeständigkeit und ihre unübertroffene Qualität.

Schlagen Sie auf, lesen Sie und treffen Sie Ihre Auswahl. Nehmen Sie beim Fachhändler die Geräte Ihrer Wahl in die Hand. Hören Sie, wie sie klingen, sehen Sie, was Sie alles damit beginnen können. Und erst dann – kaufen Sie.

## *Das Batteriegerät für Tonjagd im Freien*

Das akustische „Jagdrevier" ist oft weit von der Steckdose entfernt. Denken Sie bitte nicht gleich an Großwildjagd in Afrika, sondern vielleicht an den Urlaub, an eine kleine Wochenendreise ins Grüne oder auch nur an den Garten. Denn auch dort ist keine Steckdose und gerade dort ist viel Schönes und Interessantes zum Aufnehmen: Worte, Geräusche, Klänge, die Sie unbedingt festhalten wollen. Denken Sie auch an die Vertonung Ihrer Schmalfilme oder Diapositive: Wenn sie die richtige akustische Stimmung haben sollen, dann muß es „Original-Stimmung" sein. Der Einsatzbereich des Batterie-Tonbandgerätes ist unbegrenzt. Neben dem herkömmlichen Spulen-Tonbandgerät gibt es nun auch den immer beliebter werdenden Cassetten-Recorder. Dieses kleine und sehr handliche Gerät wurde speziell für diejenigen entwickelt, die sich wenig um technische Dinge kümmern; denn sein Tonträger ist eine kleine, staubsichere Compact-Cassette, kaum größer als eine Zigarettenschachtel. Die Bedienung ist denkbar einfach, Bandeinfädeln und Spulenwechseln entfällt. Lesen Sie mehr darüber auf Seite 4 und 5. Und doch sind die batteriebetriebenen Geräte nicht speziell nur für Außenaufnahmen entwickelt worden. Auch zu Hause können Sie damit aufnehmen und abspielen, was Sie wollen. Wie gut? Das sollten Sie sich wirklich einmal beim Fachhändler anhören.

## *Stereo gestalten – Stereo erleben: mit dem Stereo-Tonbandgerät*

Stereo – das ist die naturgetreue Wiedergabe. Stereo – das ist im Grunde die natürlichste Sache der Welt. Sie erkennen mit geschlossenen Augen, daß sich ein Auto von links nähert, um sich nach rechts zu entfernen. Was ist der Grund? Ganz einfach: Sie sind – wie jeder Mensch – „stereophon" veranlagt. Sie nehmen die akustischen Ereignisse der Umwelt mit zwei Ohren wahr, und jedes Ohr registriert sie getrennt vom anderen. Aus der unterschiedlichen Lautstärke und aus der Zeitdifferenz, mit welcher der Schall beide Ohren erreicht, bildet sich Ihr Gehirn einen verblüffend genauen Richtungseindruck.

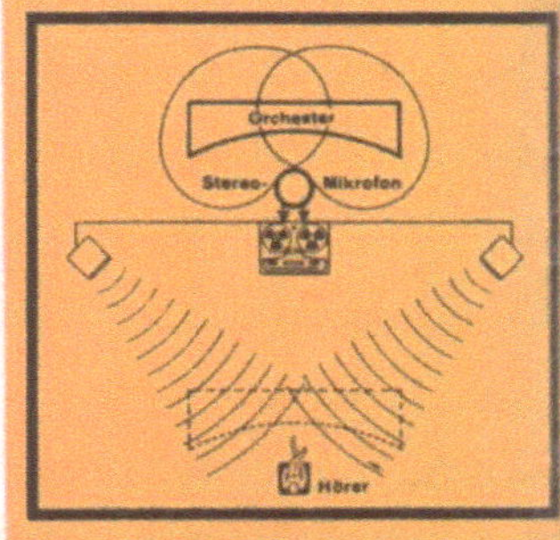


Dieser Effekt geht bei der bisherigen einkanaligen Tonaufzeichnung (monophon) verloren. Die Aufnahme ist „einohrig", und was dann aus dem Lautsprecher kommt, ist nicht plastisch, sondern „flach". Erst durch die Stereophonie wird dieser Mangel aufgehoben. Stereophonie bedeutet: zweikanalige Aufnahme und Wiedergabe. Wie klingt das? Es entsteht ein offenes Klangbild, das in die Breite und in die Tiefe geht. Verwaschenes Übereinanderklingen der Stimmen gibt es nicht mehr. Einzelstimmen klingen räumlich voneinander getrennt. Bei Orchestern und Chören bleiben einzelne Instrumentalgruppen deutlich erkennbar. Solopartien heben sich ab.

Die Stereophonie zeichnet sich durch nie gekannte Feinheit und Transparenz des Klangbildes aus. Diesen ganz neuen Klangeindruck können Sie mit unseren Stereo-Tonbandgeräten erleben.

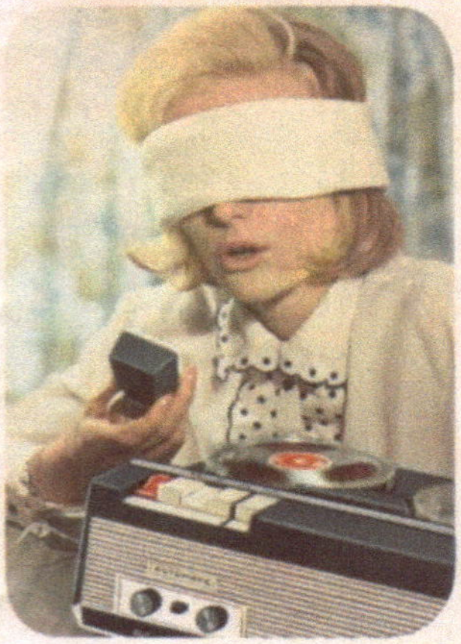

## *Aussteuerungs-Automatik erleichtert die Tonbandaufnahme*

Ganz gleich, was Sie aufnehmen, ob Musik, Sprache oder Geräusche, die richtige Aussteuerung bestimmt die Qualität Ihrer Aufnahme. Ist die Aussteuerung z. B. zu gering, so müssen Sie bei der Wiedergabe die Lautstärke anheben. Dabei klingen neben Ihrer Aufnahme auch störende Nebengeräusche durch. Ist die Aussteuerung zu hoch, so ist die Aufnahme „übersteuert" und klingt verzerrt. Jedes Tonbandgerät hat eine Aussteuerungskontrolle. Sie zeigt die richtige Einstellung des Aufnahmereglers sinnvoll an.

Nun gibt es Aufnahmen, die Ihnen keine Zeit zur Überwachung der Technik lassen. Bei diesen Aufnahmen müssen Sie sich ganz auf das Geschehen konzentrieren. Sie sind Regisseur und Aufnahmeleiter zugleich und vielleicht auch noch Mitspieler. In solchen Fällen ist eine Aussteuerungs-Automatik von unschätzbarem Wert. Sie garantiert Ihnen perfekte Aufnahmen, ohne daß Sie sich um Einstellungen kümmern müssen. Ein Knopfdruck genügt, und die Aufnahme läuft – mit gleichbleibender, guter Qualität; denn die Automatik „denkt" mit und reagiert mit äußerster Feinheit auf jede Lautstärkeschwankung. Und das bedeutet: immer gleich gute Aufnahmen.

## *Tricktechniken, immer wieder neue Tonbandfreuden*

**Sie spielen gern alle technischen Möglichkeiten aus, stimmt's? Das bringt doch erst den richtigen Spaß am Tonband-Hobby. Am Mischpult können Sie mischen, z. B. eine Sprachaufnahme mit Musik und Geräuschen unterlegen. Oder umgekehrt: zur Musik einen Kommentar sprechen. Noch interessantere Tricks sind mit der Duoplay-Technik möglich. Nehmen wir an, Sie wollen mit sich selbst ein Duett singen. Dann machen Sie auf Spur 1 des Vierspurgerätes die erste Aufnahme und auf Spur 3 die zweite. Bei der Wiedergabe werden beide Spuren parallel geschaltet und sind gleichzeitig zu hören. Die genaue Synchronschaltung erreichen Sie durch Kopfhörer-Kontrolle.**

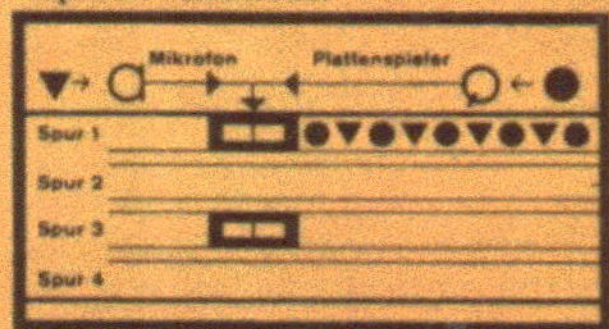


**Mischpult**

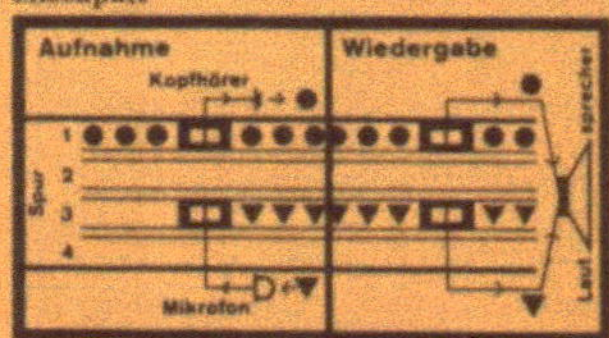


**Duoplay**

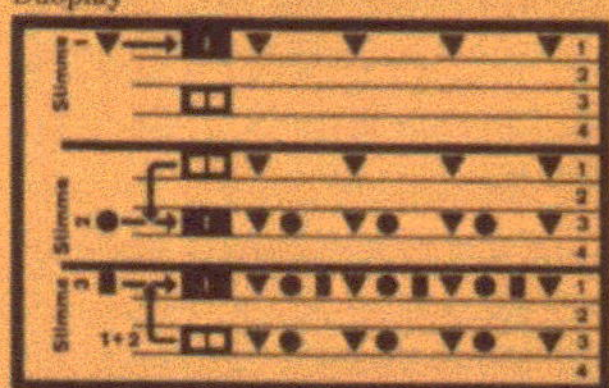


**Multiplay**

**Eine Erweiterung der Trickmöglichkeiten bringt Ihnen das Multiplay-Verfahren. Damit ist z. B. möglich, eine ganze Reihe Einzelaufnahmen zu einer gemeinsamen Aufnahme zusammenzustellen. Ein Mann, kann ein kleines Orchester vortäuschen z. B. mit Gesang, Gitarre, Schlagbaß und Schlagzeug.**

**Wir haben hier nur wenige Möglichkeiten aufgeführt. Wenn Sie Ihr Philips Tonbandgerät erst einmal in der Hand haben, dann sind Ihrer Erfindungsgabe keine Grenzen gesetzt. Sie können spielen, spielen, spielen. Und Sie werden immer wieder neue Tonbandfreuden entdecken.**

## *Das Tonbandgerät für den Fotoamateur*

Sie haben viele, schöne Farbdias. Nach jedem Sommer, nach jedem Urlaub werden es mehr. Wie wäre es, wenn Sie aus der Vielzahl Ihrer schönen Dias eine Auslese zusammenstellen würden, Ihre absolute Spitzenproduktion. Sagen wir: Vorführdauer 30 Minuten. Und dazu sprechen Sie einen Text, oder Sie bringen ein paar Takte Musik mit hinein. Vielleicht sogar die Original-Musik aus dem Ferienort, die Sie mit dem Batterie-Tonbandgerät aufgenommen und mit nach Hause gebracht haben. Sie glauben gar nicht, wieviel Freude so eine „Ton-Bild-Schau" bereitet. Einfach weil sie originell ist.

Oder wenn Sie Schmalfilmer sind: wie unterhaltsam ist der eigene Tonfilm. Zum Bild noch ein Dialog, eine Musik oder die Originalgeräusche vom Ort der Handlung. Oder auch ein lustiger, vielleicht auch satirischer Kommentar. Das macht Spaß.

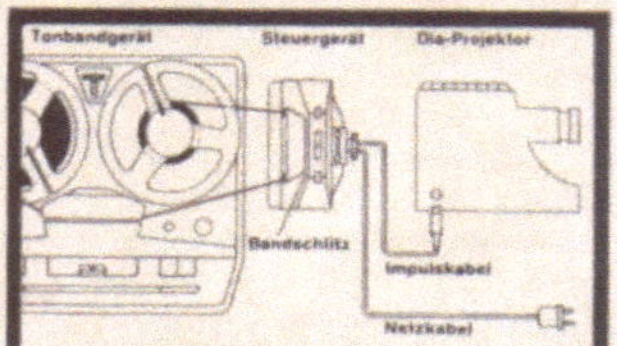


Dia-Vertonung-Aufbau

Ob Sie Dias oder Filme vertonen wollen, Philips-Tonbandgeräte haben die notwendigen, technischen Einrichtungen. Für den Synchronablauf von Bild und Ton gibt es außerdem noch Steuergeräte. Sie werden zwischen Tonband und Diaprojektor bzw. Filmprojektor geschaltet und befreien Sie von allen Handgriffen während der Vorführung.

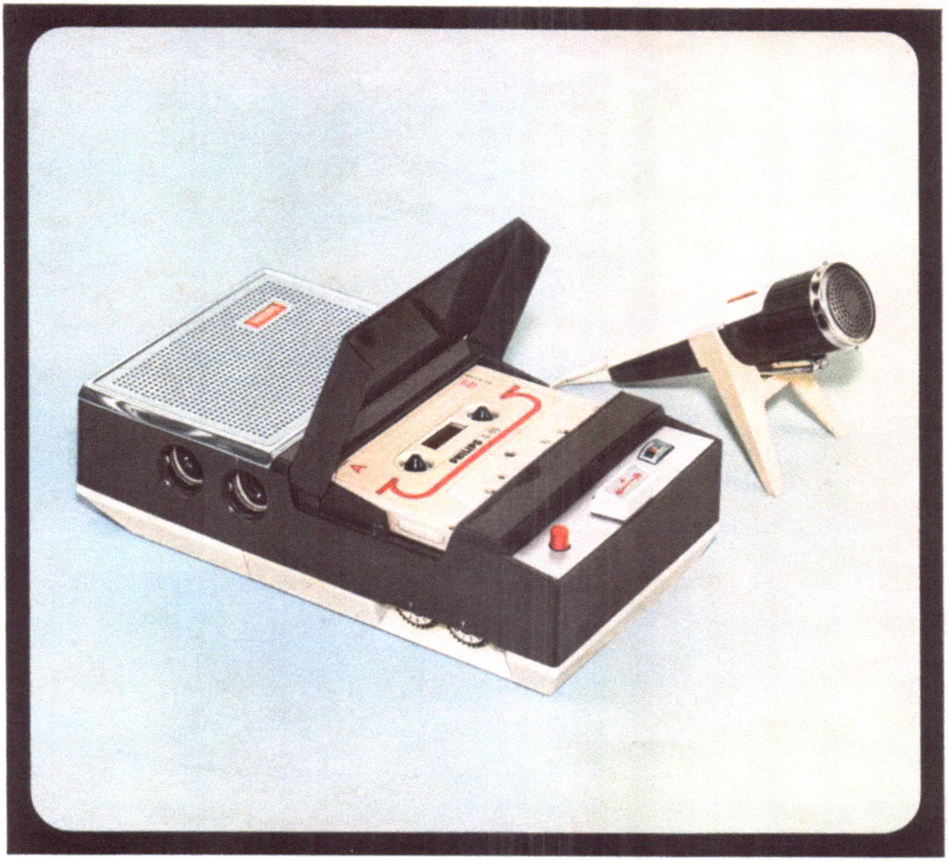

# Philips Cassetten-Recorder 3301

Die Tonbandzukunft hat schon begonnen. Die sensationelle Compact-Cassette ist der Beginn einer neuen Epoche in der Tonbandtechnik. Philips bietet allen Tonbandfreunden für eigene Aufnahmen die Compact-Cassette C-60 (Spielzeit 2 x 30 Minuten) und die Compact-Cassette C-90 (Spielzeit 2 x 45 Minuten) sowie fertig vorbespielte Musik-Cassetten des gleichen Systems. (Lesen Sie mehr darüber auf der Seite 16.)

Für diesen Tonträger von morgen wurde der sensationelle Philips Cassetten-Recorder 3301 entwickelt, der die Vorteile der Compact-Cassette konsequent ausnutzt. Er ist klein – kaum größer als eine Zigarrenkiste. Leicht, netzunabhängig und völlig einfach zu bedienen. Mit einem Griff ist die Compact-Cassette eingelegt – das Gerät eingeschaltet. Er spielt im Garten – beim Camping – am Strand – überall. Im Hause – z. B. bei Aufnahmen für die Familienchronik – läßt er sich aber auch mit einem Netzvorschaltgerät aus der Steckdose betreiben – das schont die Batterien. Eine weitere Bedienungs-Erleichterung bietet eine zum Gerät gehörende Fernbedienung.

# Compact Cassette

Problemlos in der Bedienung, modern in der Bauweise, bietet der Philips Cassetten-Recorder Aufnahme- und Wiedergabemöglichkeiten eines großen Tonbandgerätes. Aufgenommen werden kann mit dem Mikrofon oder vom Plattenspieler, Radio oder einem anderen Tonbandgerät.

Die Wiedergabe erfolgt wahlweise über den eingebauten Lautsprecher, über ein Rundfunkgerät, eine Verstärkeranlage oder über Kopfhörer.

Auch im Auto läßt sich der Philips Cassetten-Recorder verwenden – zum Aufnehmen oder Abspielen. Mit einer Autohalterung wird er unter das Armaturenbrett montiert und läßt sich mit einem Handgriff bequem jederzeit auch herausnehmen.

Und was die Aufbewahrung der Compact-Cassetten anbetrifft – dafür gibt es ein praktisches Archivsystem. Jede Compact-Cassette ist in einer formstabilen Box verpackt. Für je sechs Cassetten-Boxen gibt es einen Cassetten-Halter. Jeder läßt sich wiederum sinnvoll verbinden, so daß die Aufbewahrung Ihrer Compact-Cassetten kein Problem, sondern eine wahre Freude ist.

Im Preis einbegriffenes Zubehör: Bereitschaftstasche, Mikrofon mit abnehmbarer Fernbedienung und Mikrofonständer, Cassette, Verbindungskabel, Überspieladapter.

Technische Einzelheiten: Max. Spieldauer 2 x 45 Min. mit Cassette C-90, Batterie-Lebensdauer ca. 20 Std., Aufnahmeverriegelung zur Vermeidung des unbeabsichtigten Löschens von vorbespielten Musik-Cassetten, Batterie- und Aussteuerungsanzeige, Anschlußschluß für Netzvorschaltgerät.

Technische Daten auf Seite 15.

# PHILIPS Tonbandgeräte und Cassetten-Recorder

...ein rundes Programm

# Compact Cassette

Trotz kleinster Abmessungen enthält die Compact-Cassette ein hochwertiges Tonband. In ihrer einfachen Handhabung ist sie nicht zu übertreffen. Das ist die überzeugende Idee, die zum millionenfachen Erfolg führte. Hinein in den Cassetten-Recorder, Knopf drücken, und schon läuft entweder Aufnahme oder Wiedergabe. Compact-Cassetten erhalten Sie in praktischen Archivboxen.

**Compact-Cassetten für Ihre Aufnahmen**
Die Compact-Cassette C·60 spielt eine Stunde (2x30 Minuten). Die Cassette C·90 volle 1½ Stunden (2x45 Minuten). Also genug Platz für Ihre Lieblingsmelodien. Oder für ein ganzes Hörspiel. Sie können alles aufnehmen, was Ihnen Freude macht. Ein wunderbares Hobby, das durch die Compact-Cassette ganz und gar problemlos geworden ist.

**Compact-Cassetten mit Musik bespielt**
Die bekannten Schallplattenproduzenten bringen laufend neue *Musicassetten* heraus: berühmte Solisten und Orchester mit Schlagern, Beat, Musicals, Jazz – was Sie wollen. Mit dem Philips Cassetten-Recorder 3312 erklingen *Musicassetten* in Stereo! Die Spieldauer der *Musicassetten* entspricht der einer EP-Schallplatte bzw. einer Langspielplatte.

---

Musicassetten gibt es in Deutschland unter folgenden Marken:

PHILIPS · polydor · Columbia · Deutsche Grammophon Gesellschaft · Odeon · metronome · MGM High Fidelity · fontana · Electrola · amadeo · Verve · Mercury Records · Star-Club Records · DECCA · RCA Victor · reprise: · WB · London · Telefunken · CBS

# Philips Cassetten-Recorder 3302

für Batteriebetrieb

Jederzeit spielbereit, überall dabei, handlich und chic, das ist der erfolgreiche Philips Cassetten-Recorder 3302. Die Bedienung ist ein Kinderspiel – so einfach wie modernes Fotografieren. Schwupp, die Cassette rein – schnapp, den Knopf gedrückt, und schon läuft Aufnahme oder Wiedergabe (wie bei einem großen Gerät – nur viel einfacher). Fünf 1,5-V-Batterien (Babyzellen) halten den volltransistorisierten Philips Cassetten-Recorder 3302 spielbereit für lange Zeit. Erstaunlich, was dieses kleine Gerät für Möglichkeiten bietet. Ihre Erwartungen werden noch übertroffen. Sie nehmen auf und spielen ab, wann und wo Sie wollen – zu Hause oder unterwegs. (Auch im Auto – mit der Autohalterung für dieses Gerät, EL 3794 B, siehe Zubehörseite.) Aufnahmen mit dem Mikrofon sind ebenso problemlos wie das Überspielen vom Rundfunkgerät oder Plattenspieler. Die Wiedergabe erfolgt über den eingebauten Lautsprecher, ein Rundfunkgerät oder Kopfhörer. Zum Cassetten-Recorder 3302 werden mitgeliefert: eine praktische Tragetasche, ein Mikrofon mit abnehmbarer Fernbedienung, Überspielkabel und eine Compact-Cassette.

| Aufnahme | Wiedergabe | Aussteuerung | Spieldauer | weitere Vorzüge |
|---|---|---|---|---|
| Mikrofon, Rundfunkgerät, Plattenspieler | über eingebauten Lautsprecher, Zusatzlautsprecher, Kopfhörer, Rundfunkgerät | mit Regler und Zeigerinstrument | 2 x 30 Min. mit Compact-Cassette C 60, 2 x 45 Min. mit Compact-Cassette C 90 | • volltransistorisiert<br>• elektronisch geregelter Motor<br>• Anschluß für Netzvorschaltgerät<br>• Anschluß für Fernbedienung<br>• Batterieanzeige<br>• kein versehentliches Löschen vorbespielter Musicassetten |

# Philips Cassetten-Recorder 3310

## mit Aussteuerungsautomatik · für Netzanschluß

Auch für Ihr Heim gibt es jetzt einen Philips Cassetten-Recorder!
Mit all den Vorteilen problemloser Bedienbarkeit, die das Compact-Cassetten-System ermöglicht.
Ein Tastendruck – und das Cassetten-Magazin öffnet sich. Compact-Cassette einlegen, Magazin schließen – und schon kann es losgehen: Wiedergabe von bespielten Compact-Cassetten (*Musicassetten*) oder von eigenen Aufnahmen. Aufnahmemöglichkeiten: per Mikrofon oder durch Überspielen vom Radio oder Plattenspieler. Nichts kann mehr schief gehen, denn die Aufnahmen werden automatisch ausgesteuert, sofern Sie das nicht selbst übernehmen wollen. Ein Zählwerk zeigt, wieviel Sie bereits aufgenommen oder abgespielt haben.
Der Cassetten-Recorder 3310 fügt sich durch die gediegene Formgebung seines Edelholzgehäuses in jeden Wohnstil ein. Eine Freude für Ihre ganze Familie – und für Ihre Gäste.

**Aufnahme**

Mikrofon, Rundfunkgerät, Plattenspieler

**Wiedergabe**

über eingebauten Lautsprecher, Zusatzlautsprecher, Rundfunkgerät

**Aussteuerung**

automatisch oder mit Regler und Zeigerinstrument

**Spieldauer**

2 x 30 Min. mit Compact-Cassette C·60, 2 x 45 Min. mit Compact-Cassette C·90

**weitere Vorzüge**

- volltransistorisiert
- Klangregler
- Zählwerk
- Drucktastensteuerung auch für das Cassetten-Magazin
- kein versehentliches Löschen vorbespielter Musicassetten

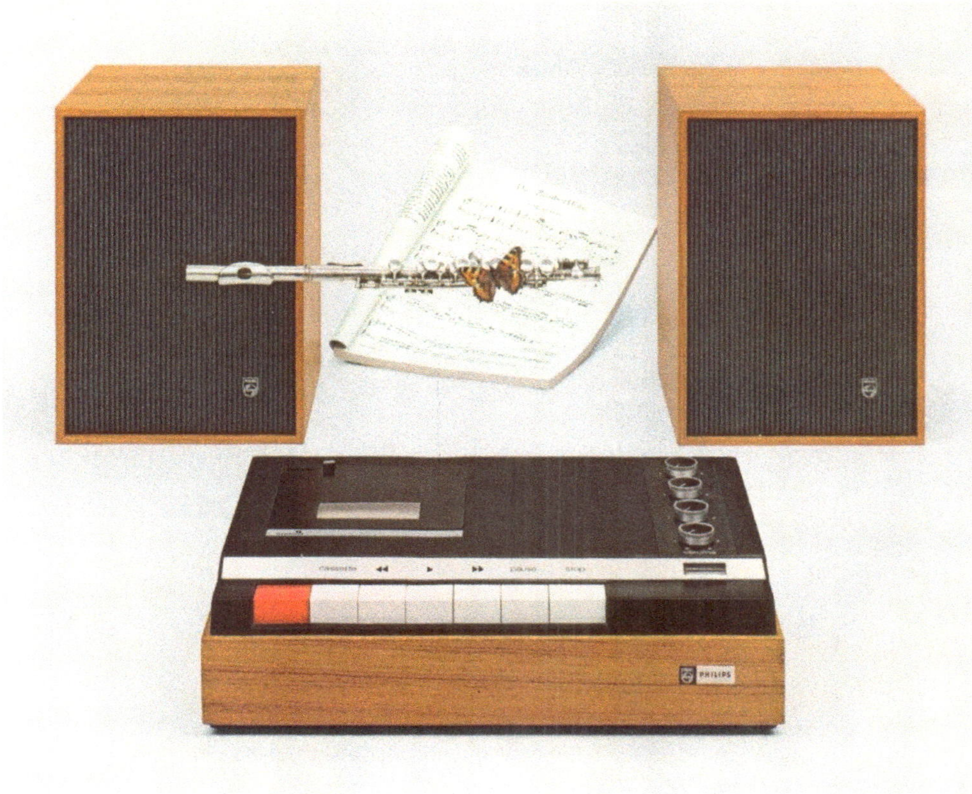

# Philips Cassetten-Recorder 3312

## Voll-Stereo · für Netzanschluß

Nach ihrem Siegeszug rund um die Welt bietet die Compact-Cassette jetzt ein neues Klangerlebnis: Stereophonie! Als erstes Unternehmen stellt Philips hiermit einen Stereo-Cassetten-Recorder vor, mit dem nun alle Vorzüge der Compact-Cassette voll ausgenutzt werden. Jetzt hören Sie Musik mit vollem Raumklang von Compact-Cassetten. Sie wissen ja, die *Musicassetten* erklingen auf diesem Gerät in Stereo. Und Ihre eigenen Stereo-Aufnahmen gelingen Ihnen auf Anhieb perfekt. Die Bedienung ist gewohnt einfach, wie bei jedem Philips Cassetten-Recorder: Cassette einlegen, Magazin schließen, Taste drücken. Eigene Aufnahmen machen Sie mit dem Philips Stereo-Mikrofon; Überspielungen von Stereo-Schallplatten oder Stereo-Rundfunksendungen erfolgen wie üblich mit einem Überspielkabel. Natürlich sind mit dem Cassetten-Recorder 3312 auch Aufnahme und Wiedergabe von Compact-Cassetten in Mono möglich.
(Näheres über die abgebildeten Lautsprecherboxen NG 1215 siehe Seite 15.)

| **Aufnahme** | **Wiedergabe** | **Aussteuerung** | **Spieldauer** | **weitere Vorzüge** |
|---|---|---|---|---|
| mono / stereo:<br>Mikrofon,<br>Rundfunkgerät,<br>Plattenspieler | mono / stereo:<br>über separate<br>Lautsprecher,<br>Rundfunkgerät,<br>Stereo-Anlage | mit Regler und<br>Zeigerinstrument | 2 x 30 Min. mit<br>Compact-Cassette C 60,<br>2 x 45 Min. mit<br>Compact-Cassette C 90 | • volltransistorisiert<br>• Klangregler<br>• Balanceregler<br>• Zählwerk<br>• Drucktastensteuerung auch für das Cassetten-Magazin<br>• kein versehentliches Löschen vorbespielter Musicassetten |

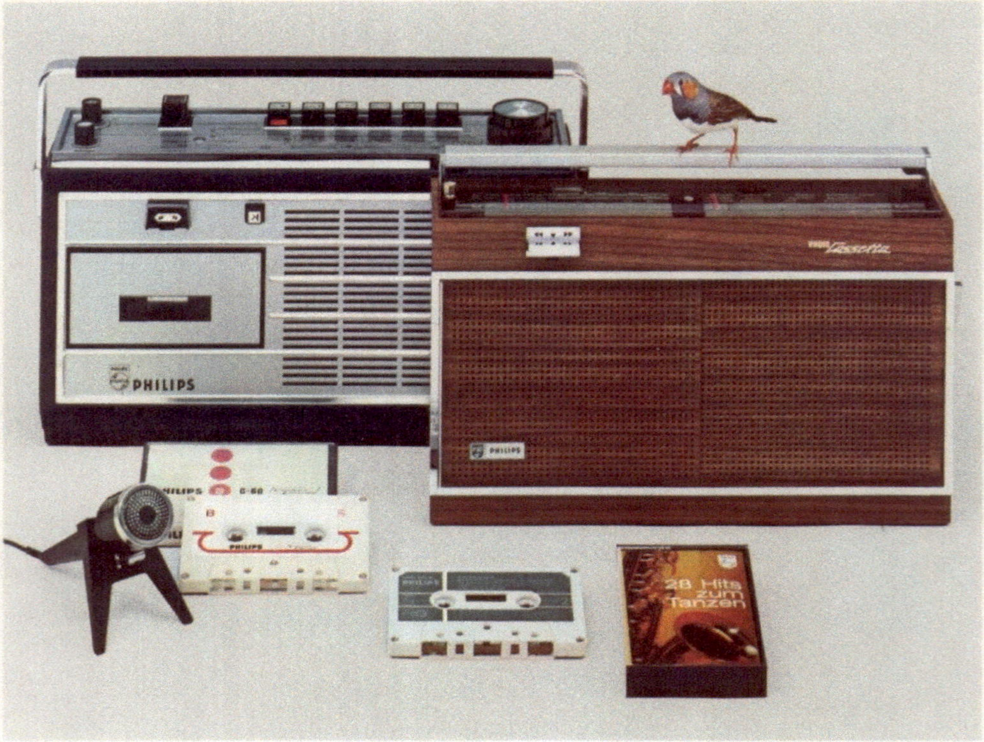


# Philips Radio-Recorder und Radio-Cassetta

Wieder kommt eine sensationelle Idee von Philips: der Cassetten-Recorder im Kofferradio. Darauf haben viele gewartet. Wenn im Radio mal nichts Flottes zu finden ist; schwupp schnapp schalten Sie um auf das eigene Musikprogramm. So einfach geht das mit den vorbespielten *Musicassetten* und der Radio-Cassetta. Möchten Sie darüber hinaus gern Interessantes aus dem Radio festhalten? Bitte – auch das geht heute. Mit dem Radio-Recorder. Er ist Radio, Musicbox und Tonbandgerät in einem.

**Philips Radio-Recorder**
Haben Sie schon einmal Ihre eigene Stimme im Radio gehört? Ein herrlicher Spaß mit dem Radio-Recorder. Sie wissen, sein eingebauter Cassetten-Recorder ist ein vollwertiges Tonbandgerät. Für Aufnahme und Wiedergabe mit Compact-Cassetten. Was Ihnen gefällt – Sie nehmen es gleich auf – aus dem Radioteil. Einem Rundfunkgerät mit vier Wellenbereichen und autom. UKW-Scharfabstimmung.

**Philips Radio-Cassetta**
Diese praktische Kombination besteht aus einem leistungsstarken Radioteil und einem Cassetten-Spieler für Compact-Cassetten. Mit einem Tastendruck schalten Sie um vom Rundfunkprogramm auf den Cassetten-Spieler. Oder umgekehrt. Wie es beliebt. Ihre Überraschung: Niemand wird das klingende Geheimnis – den Cassetten-Spieler – hinter der „Schiebetür" im Frontteil des Gerätes vermuten.

| Radio-Cassetta | Wellenbereiche | Abmessungen, Gewicht | Bestückung | weitere Vorzüge |
|---|---|---|---|---|
| | UKW, MW, LW, KW (41–49 m) | 30 x 19 x 8 cm<br>ca. 2,4 kg | 14 Valvo-Transistoren<br>+ 8 Dioden<br>1 Selenstabilisator | • schwenkbare Teleskopantenne<br>• versenkbarer Haltegriff<br>• Anschluß für Netzvorschaltgerät |

| Radio-Recorder | Wellenbereiche | Abmessungen, Gewicht | Bestückung | weitere Vorzüge |
|---|---|---|---|---|
| | UKW, MW, LW, KW (31–49 m) | 32 x 18 x 9 cm<br>ca. 4,5 kg | 22 Valvo-Transistoren<br>+ 15 Dioden | • schwenkbare Teleskopantenne<br>• autom. UKW-Scharfabstimmung<br>• Anschluß für Autoantenne, Plattenspieler, Mikrofon und Netzvorschaltgerät |

CD 400
Hi-Fi-Stereo-
Cassetten-
Tonbandgerät
ELAC CD 400
Die neue
Hi-Fi-Klasse
REC
STOP
EJECT
START
PAUSE
VU
L
R
10
8
6
4
2
0
L REC R
CrO2
AUTO
EIN
ON
ELAC high fidelity
MIC

# Die neue Hi-Fi-Klasse

# ELAC CD 400

**Ein Cassetten-Tonbandgerät in Kompakt-Bauweise, das die Forderungen der Hi-Fi-Norm DIN 45 500 erfüllt.**

ELAC eröffnet den Kennern meisterlicher Musik neue Klangdimensionen. Mit dem ELAC CD 400. Einem Hi-Fi-Stereo-Cassetten-Tonbandgerät mit allen Vorteilen, die das Compact-Cassetten-System besitzt.
Und mit vielen technischen Vorzügen, die bisher nur Spulentonbandgeräten vorbehalten waren.

## ELAC CD 400 - der vollwertige Baustein für jede Hi-Fi-Anlage

# Das müssen Sie wissen:

**1.** Das ELAC CD 400 erfüllt in allen Werten die Forderungen der DIN 45 500 für Magnetbandgeräte.

**2.** Bei Verwendung von Compact-Cassetten mit Chromdioxid-Band ($CrO_2$) ergeben sich optimale Werte. Für den Geräuschspannungsabstand 50 dB. Ein Frequenzgang von 20 ....15.000 Hz.

**3.** Ein Studio-Gleichstrommotor, der durch Tachogenerator geregelt wird, gewährleistet eine hohe Gleichlaufkonstanz und weitgehende Unabhängigkeit von Schwankungen der Netzfrequenz und Netzspannung. So entsteht der außerordentlich niedrige Wert der Gleichlaufschwankungen von $\pm$ 0,13 %.

**4.** Die automatische Band-Endabschaltung gewährleistet, daß sich das ELAC CD 400 immer in die Bereitschaftsstellung zurückschaltet. Auch bei Unterbrechung der Netzspannung. So können die von Tonbandkennern gefürchteten Deformierungen der Andruckrolle nicht auftreten. Die automatische Band-Endabschaltung gestattet außerdem die Benutzung einer Schaltuhr für das Ausschalten.

**5.** Die nebeneinander angeordneten Regler zur Aussteuerung des Aufnahmepegels ermöglichen die bequeme, praxisgerechte Paralleleinstellung beider Kanäle. Eine Kombination von zwei Pegelmeßinstrumenten gestattet die Aufnahme- und Wiedergabe-Überwachung auf einen Blick.

**6.** Kritische Aufnahmen, in denen Verzerrungen durch Übersteuerung bei Dynamikspitzen auftreten können, werden durch eine einschaltbare automatische Pegelbegrenzung (Limiter) problemlos.

**7.** Bandartenwahlschalter für Normal- und Chromdioxid-Band ($CrO_2$).

**8.** Receiver und Verstärker liefern je nach Auslegung (DIN oder USA-Norm) unterschiedliche Ausgangsspannungen für die Aufnahme.
Das ELAC CD 400 hat einen Umschalter, der die Anpassung an die jeweilige Norm ermöglicht.

# ELAC CD 400 - die neue Preis-Klasse.

Nicht nur die Leistungen dieses Hi-Fi-Stereo-Cassetten-Tonbandgeräts sind vorbildlich. Der Preis ist ebenso bemerkenswert wie die Technik.
Das ELAC CD 400 kostet einschließlich einer ELAC Stereo-$CrO_2$-Vorführkassette und einer Überspielleitung

# 548,-DM

Festpreis incl. Urhebergebühr.

# Technische Daten

| | | |
|---|---|---|
| Stromversorgung | 220 V 50....60 Hz Wechselspannung auf 110 V intern umschaltbar | |
| Leistungsaufnahme | 12 VA | |
| Abmessungen (B x H x T) | 184 x 84 x 298 mm | |
| Gewicht | 3,3 kg | |
| Bestückung | 2 FET's, 25 Silicium-Transistoren, 10 Dioden, 1 Gleichrichter | |
| Tonträger | Compact-Cassetten C 60, C 90, C 120 | |
| Bandgeschwindigkeit | 4,75 cm/sec | |
| Aufnahmeverfahren | 4spurig Stereo | |
| Eingangsempfindlichkeit<br>„Radio"<br>„Line"<br>„Mikrophon" | <br>3,5.....165 mV/47 kOhm<br>35....1450 mV/470 kOhm<br>0,18...8,6 mV/2,7 kOhm | |
| Ausgangsspannung bei Vollaussteuerung | 1 V / 1 kOhm | |
| Gleichlaufschwankungen | 0,13 % | |
| | Low Noise Band | Chromdioxid-Band |
| Frequenzbereich | 20....13.000 Hz | 20....15.000 Hz |
| Geräuschspannungsabstand und Fremdspannungsabstand nach DIN 45 405 | 46 dB | 50 dB<br>46 dB |
| Klirrfaktor bei 0 dB VU | 2 % | 1,8 % |
| Übersprechdämpfung (Stereo) zwischen 500 und 6.300 Hz | > 30 dB | > 30 dB |
| Löschdämpfung | 70 dB | 65 dB |
| Wiedergabeentzerrung | 1.590/120 µsec | 3.180/70 µsec |

ELAC

ELECTROACUSTIC GMBH
23 Kiel, Westring 425-429

932. 5. 500 12. 72

# Phono Programm 73/74

ELAC

# ELAC Hi-Fi-Cassetten-Tonbandgeräte

**ELAC CD 400**
Hi-Fi-Cassetten-Tonbandgerät in Compact-Bauweise. Technische Vorzüge: DIN 45500 für Magnetbandgeräte wird eingehalten · Frequenzgang 20...15000 Hz · Geräuschspannungsabstand 50 dB · Gleichlaufschwankungen 0,13% · durch Tacho-Generator geregelter Studio-Gleichstrommotor · autom. Band-Endabschaltung · einschaltbare autom. Pegelbegrenzung (Limiter) · Bandartenwahlschalter für Normal- und Chromdioxid-Band · Gehäuseausf.: Nußbaum furniert · Maße: 184 x 84 x 298 mm.
**Festpreis: 548,– DM**

**ELAC CD 500**
Hi-Fi-Cassetten-Tonbandgerät mit Dolby-System. Technische Vorzüge: DIN 45500 für Magnetbandgeräte wird eingehalten · Frequenzgang 20...15000 Hz · Geräuschspannungsabstand 58 dB · Gleichlaufschwankungen 0,13% · durch Tacho-Generator geregelter Studio-Gleichstrommotor · autom. Band-Endabschaltung · einschaltbare autom. Pegelbegrenzung (Limiter) · autom. Umschaltung von Normal- auf Chromdioxid-Band · Kopfhöreranschluß mit Flachbahnregler · Gehäuseausf.: Nußbaum furniert · Maße: 200 x 102 x 308 mm.
**Festpreis: 778,– DM**

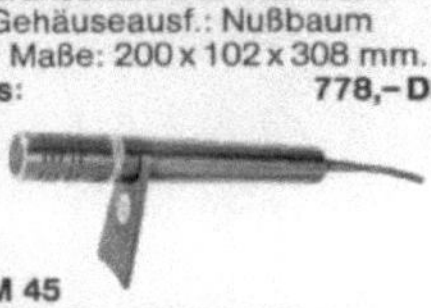

**ELAC EM 45**
Universell verwendbares dynamisches Mikrofon. Der Übertragungsbereich von 50...12500 Hz entspricht der Hi-Fi-Norm DIN 45500.
**Unverb. Preisempfehlung: 78,– DM**

# ELAC Plattenspieler, Heimanlagen

**ELAC 161**
4touriger Stereo-Plattenwechsler, zugleich autom. Einzel- und Dauerspieler · Kristall-Tonabnehmer ELAC KST 112 · Aufsetz-Tastautomatik · zentrale Steuereinheit für Drehzahl- und Plattengrößen-Einstellung, Start und Sofortwechsel · freitragende Stapelachse · autom. Endabschaltung.
Maße: 308 x 236 mm.
**Unverb. Preisempfehlung: 149,– DM**

**Bingo 161 K**
Stereo-Tischplattenwechsler ELAC 161 auf Kunststoffzarge (nußbaum) · Maße: 330 x 140 x 260 mm, Höhe mit Stapelachse 205 mm.
**Unverb. Preisempfehlung: 158,– DM**

**ELAC 121 HV**
Phono-Verstärker-Kombination zur Mono-Wiedergabe aller Stereo-, Mikro- und Normalrillenplatten · 3touriger Stereo-Plattenspieler ELAC 121 mit Stereo-Kristall-Tonabnehmer ELAC KST 112 · Tonarmlift · autom. Endabschaltung · volltransistorisierter Verstärker mit 4 Watt Musikleistung · 4 Watt-Lautsprecher im Gehäusedeckel · Kunststoffgehäuse wahlweise rot, grün oder altweiß · Maße ohne Lautsprecher: 300x125x225 mm.
**Unverb. Preisempfehlung: 208,– DM**

**ELAC 161 HVK**
Phono-Verstärker-Kombination mit Stereo-Plattenwechsler ELAC 161, volltransistorisiertem Verstärker mit 6 Watt Musikleistung und Spezial-Breitband-Lautsprecher · 3 Flachbahnregler für Lautstärke, Höhen und Tiefen · Kunststoffgehäuse altweiß oder nußbaum · Maße ohne Lautsprecher: 410 x 160 x 265 mm, Höhe mit Stapelachse 235 mm.
**Unverb. Preisempfehlungen:**
nußbaum **328,– DM,** altweiß **338,– DM**

**ELAC 161 HVK Stereo**
Stereo-Anlage bestehend aus Stereo-Plattenwechsler ELAC 161, volltransistorisiertem Verstärker mit 2 x 7 Watt Musikleistung und zwei Spezial-Breitband-Lautsprechern · 4 Flachbahnregler für Lautstärke, Höhen, Tiefen und Balance · Kunststoffgehäuse altweiß oder nußbaum · Maße wie ELAC 161 HVK.
**Unverb. Preisempfehlungen:**
nußbaum **459,– DM,** altweiß **469,– DM**

**Digital-Uhren-Radio RD 100**
Volltransistorisierter MW/UKW Rundfunk-Empfänger mit Digital-Uhr · vielfältige Schaltautomatik zum Ein- und Abschalten des Rundfunkempfängers und des Wecksummers · permanent-dynamischer Lautsprecher · 24 Stunden-Anzeige von 0.00 bis 23.59 Uhr · Kunststoffgehäuse: altweiß, rot, schwarzgrau, chromgelb · Maße: 180 × 160 × 185 mm.
**Festpreis: 198,– DM**

ELAC

# Phono-Programm 1974

# ELAC CD 400

Jedes dieser beiden Cassetten-Tonbandgeräte vereint die Vorteile des Compact-Cassetten-Systems mit vielen Vorzügen, die bisher nur von Spulen-Tonbandgeräten zu erfüllen waren. Das Ergebnis ist Hi-Fi-Spitzenklasse. Für alle Hi-Fi-Anlagen die ideale Ergänzung.

Und das ist bei beiden Geräten gemeinsam:
Erfüllung der Hi-Fi-Norm DIN 45500 mit $CrO_2$-Band in allen geforderten Werten · optimale Werte bei Verwendung von Compact-Cassetten mit Chromdioxid-Band ($CrO_2$) für den Geräuschspannungsabstand (50 dB) und den Frequenzumfang (20 ... 15000 Hz) · ein durch Tachogenerator geregelter Studio-Gleichstrommotor gewährleistet den niedrigen Wert der Gleichlaufschwankungen von 0,13 % · die automatische Band-Endabschaltung arbeitet unabhängig von Schaltfolien oder anderen auf dem Tonband vorhandenen Signalen · die ELAC Hi-Fi-Cassetten-Tonbandgeräte schalten sich immer zurück in Bereitschaftsstellung. Auch bei Unterbrechung der Netzspannung. Deformierungen der Andruckrolle können so nicht auftreten.
Die Band-Endabschaltung gestattet außerdem die Benutzung einer Schaltuhr für das Ausschalten · einschaltbare automatische Pegelbegrenzung (Limiter) · praxisbezogene Anordnung der Flachbahnregler zur Aussteuerung des Aufnahmepegels · zwei kombinierte Pegelmeßinstrumente · ein Umschalter gestattet die Anpassung der Eingangsempfindlichkeit an Receiver nach deutscher und amerikanischer Norm.

Und das unterscheidet sie:

Das ELAC CD 400 besitzt einen Bandartenschalter für Normal- oder $CrO_2$-Band.
Beim ELAC CD 500 erfolgt die Anpassung der Aufnahme- und Wiedergabeverstärker sowie die Vormagnetisierung auf Normal- oder $CrO_2$-Band automatisch. Die Umschaltung auf $CrO_2$-Band wird durch eine Leuchtanzeige sichtbar.

Unabhängig von der Hi-Fi-Anlage erlaubt das ELAC CD 500 individuelles Hören mit Kopfhörern. Die Lautstärke kann mit einem Flachbahnregler eingestellt werden.

Dolby-System
Eine der bedeutendsten Erfindungen zur Unterdrückung des Grundrauschens ist das Dolby-

## ELAC CD 500 mit Dolby-System*

System. Damit kann der Geräuschspannungsabstand im oberen Frequenzbereich um 8-10 dB verbessert werden.
Der Frequenzbereich und die Gradlinigkeit des Frequenzganges bleiben dabei erhalten.
So beträgt der Geräuschspannungsabstand beim ELAC CD 500 mit Dolby-System bei Benutzung von $CrO_2$-Band 58 dB. Die Einschaltung des Dolby-Systems ist mit einer Leuchtanzeige verbunden.
*Das »Doppel-D« und das Wort »Dolby« sind geschützte Warenzeichen der Dolby Laboratories.

Mitgeliefertes Zubehör:
1 ELAC Stereo-$CrO_2$-Vorführ-Cassette, 1 Überspielleitung

## ELAC EM 45

Eine wichtige Voraussetzung zur Gestaltung eines eigenen Musikprogramms ist die Verwendung des richtigen Mikrofons.
Das universell verwendbare Cardioid-Mikrofon ELAC EM 45 erfüllt diese Voraussetzung. Die Aufnahmen mit diesem Mikrofon haben Hi-Fi-Qualität. Der Übertragungsbereich von 50 . . . 12500 Hz entspricht der DIN 45500.

Hier und auf den nächsten beiden Seiten stellen wir Ihnen Cassettendecks vor, mit denen es gelungen ist, die Probleme der Compact-Cassette (geringe Bandgeschwindigkeit, geringe Spurbreite) völlig zu überwinden.
Mit dem ELAC/Nakamichi 700 und 1000 Tri-Tracer sind jetzt auch Cassetten-Tonbandgeräte für professionelle Benutzer und Hi-Fi-Spezialisten, die nur hochwertigen Spulen-Tonbandgeräten vertrauen, eine echte Hi-Fi-Alternative.
»Tri-Tracer« ist der von uns gewählte Begriff für das 3-Kopf-System dieser neuartigen Geräte. Die »Tri-Tracer« besitzen getrennte Köpfe für Aufnahme, Wiedergabe und Löschen.

## ELAC/Nakamichi 700 Tri-Tracer

Getrennte Köpfe in Verbindung mit getrennten Aufnahme- und Wiedergabe-Verstärkern ermöglichen die Hinterbandkontrolle während der Aufnahme und gewährleisten einen gradlinigen Frequenzgang bis 20000 Hz.
Der Aufnahmekopf besteht aus hochpermeablen Ferrit mit einem 5-µ-Spalt. Dieser Kopf garantiert einwandfreie Magnetisierung über die gesamte Schichttiefe des Magnetbandes. Der Wiedergabekopf besteht aus einer hochpermeablen Speziallegierung von äußerster Härte. Eine Titan-Spalteinlage ermöglicht die Herstellung eines ultraengen Spaltes von 0,7 µ.
Ein Doppel-Capstan-Antrieb mit großen, ausgewuchteten Schwungmassen garantiert den konstanten Bandzug im Bereich der drei Köpfe mit einem Minimum an Gleichlaufschwankungen.
Ein durch Tachogenerator geregelter Gleichstrommotor hält die Bandgeschwindigkeit konstant – unabhängig von Netzspannungs- und Frequenzschwankungen.
Durch eine neuartige Einrichtung ist die Justierung des Aufnahmekopfes einfach zu handhaben. Zwei Leucht-Dioden zeigen durch alternatives Flackern die richtige Justierung des Kopfes an. Durch die Justierung können Höhenverluste und Phasenver-

schiebungen vermieden werden, die durch Abweichungen der mechanischen Eigenschaften der Bänder und Cassettentypen auftreten können. Die Möglichkeit der Feinregulierung der Geschwindigkeit (Regelbereich: ± 6 %) dient zur genauen Einstellung der Tonlage oder der Tempoveränderung eines Musikstückes. Alle Laufwerksfunktionen sind relaisgesteuert. Die Betätigung erfolgt über Sensorfelder. (Zusätzlich steht eine ebenfalls mit Sensortasten ausgestattete Fernbedienung zur Verfügung.) Eine mit IC's (integrierte Schaltkreise) aufgebaute Logikschaltung steuert den zeitlichen Funktionsablauf. Die jeweilige Funktion wird durch ein Lämpchen, das in dem entsprechenden Sensorfeld integriert ist, angezeigt.
Weitere Funktionen: automatische Endabschaltung, Zählwerk mit Memory-Taste. Zur Verbesserung des Grundrauschens besitzt der ELAC/Nakamichi 700 Tri-Tracer das Dolby-System*. Durch getrennte Verstärker für Aufnahme und Wiedergabe kann während der Hinterbandkontrolle bereits das dolbysierte Signal rückentzerrt abgehört werden.
Der Aufnahmeverstärker des ELAC/Nakamichi 700 Tri-Tracer besitzt einen so weiten Dynamikbereich, daß Verzerrungen hier durch Übersteuern normalerweise nicht auftreten. Getrennte Aussteuerungsinstrumente mit dB-Skala zeigen die Aufnahmespitzenwerte an, so daß Übersteuerungen sofort erkannt und vermieden werden können. Um jedoch auch bei extrem großen Dynamikspitzen (z. B. Live-Aufnahmen) Verzerrungen zu vermeiden, ist der eingebaute Spitzenbegrenzer (Limiter) einzuschalten. Bei allen Aufnahmen kann unabhängig von der Programmquelle über einen separaten Regler ein zusätzlich angeschlossenes Mikrophon eingeblendet werden.
Weitere Merkmale: Modern aufgebaute elektronische Schaltung nach dem Steckkartensystem · Zwei-Motoren-Antrieb · Bandartenwahlschalter für Normal- und Chromdioxid ($CrO_2$)-Band · pneumatisch gedämpfte Steuerung von Tonkopfschlitten und Cassettenschacht · Ein- und Ausgangsbuchsen nach deutscher und amerikanischer Norm.
Mitgeliefertes Zubehör: Bedienungsanleitung · Meßton-Cassette · unbespielte $CrO_2$-Cassette C 60 · Überspielleitungen · Reinigungsset.
Sonderzubehör (gehört nicht zum Lieferumfang): Fernbedienung RK 1.

* Das »Doppel-D« und das Wort »Dolby« sind geschützte Warenzeichen der Dolby Laboratories.

## ELAC/Nakamichi 1000 Tri-Tracer

Getrennte Köpfe für Aufnahme, Wiedergabe und Löschen in Verbindung mit getrennten Aufnahme- und Wiedergabe-Verstärkern ermöglichen die ständige Hinterbandkontrolle während der Aufnahme und gewährleisten einen gradlinigen Frequenzgang bis 20000 Hz.
Der Aufnahmekopf besteht aus hochpermeablen Ferrit mit einem 5-μ-Spalt. Dieser Kopf garantiert einwandfreie Magnetisierung über die gesamte Schichttiefe des Magnetbandes. Der Wiedergabekopf besteht aus einer hochpermeablen Speziallegierung von äußerster Härte. Eine Titan-Spalteinlage ermöglicht die Herstellung eines ultraengen Spaltes von 0,7 μ. Ein Doppel-Castan-Antrieb mit großen, ausgewuchteten Schwungmassen garantiert den konstanten Bandzug im Bereich der drei Köpfe mit einem Minimum an Gleichlaufschwankungen.
Ein durch Tachogenerator geregelter Gleichstrommotor hält die Bandgeschwindigkeit konstant – unabhängig von Netzspannungs- und Frequenzschwankungen.
Durch eine neuartige Einrichtung ist die Justierung des Aufnahmekopfes einfach zu handhaben. Zwei Leucht-Dioden zeigen durch alternatives Flackern die richtige Justierung des Kopfes an. Durch die Justierung können Höhenverluste und Phasenverschiebungen vermieden werden, die durch Abweichungen der mechanischen Eigenschaften der Bänder und der Cassettentypen auftreten können.
Die Möglichkeit der Feinregulierung der Geschwindigkeit (Regelbereich: ± 6 %) dient zur genauen Einstellung der Tonlage oder der Tempoveränderung eines Musikstückes. Alle Laufwerksfunktionen sind relaisgesteuert. Die Betätigung erfolgt über Sensortasten, die bei Berühren aufleuchten. (Zusätzlich steht eine ebenfalls mit Sensortasten ausgestattete Fernbedienung zur Verfügung.) Eine mit IC's aufgebaute Logikschaltung steuert den zeitlichen Funktionsablauf.
Weitere Funktionen: Automatische Endabschaltung, Zählwerk mit Memory-Taste, automatische Rückspuleinrichtung (abschaltbar), beleuchtete Laufanzeige.
Der ELAC/Nakamichi 1000 Tri-Tracer vereinigt zwei unabhängige Systeme zur Rauschunterdrückung. Das eine ist das Dolby-System*, das andere ist das

unter der Bezeichnung DNL bekannt gewordene dynamische Geräuschunterdrückungssystem. Bei gleichzeitiger Benutzung beider Systeme kann der Rauschpegel um mehr als 13 dB unterdrückt werden.
Das Dolby-System hat zwei unabhängige Verstärker für Aufnahme und Wiedergabe, so daß bereits während der Hinterbandkontrolle das dolbysierte Signal rückentzerrt abgehört werden kann.
Das DNL-System arbeitet nur bei der Wiedergabe und unterdrückt wirksam Störgeräusche im Frequenzbereich um 10 000 Hz.
Der Aufnahmeverstärker des ELAC/Nakamichi 1000 Tri-Tracer besitzt einen so weiten Dynamikbereich, daß Verzerrungen durch Übersteuern hier praktisch nicht auftreten. Getrennte Aussteuerungsinstrumente mit dB-Skala zeigen die Aufnahmespitzenwerte an, so daß Übersteuerungen sofort erkannt und vermieden werden können. Um jedoch auch bei extrem großen Dynamikspitzen (z. B. Live-Aufnahmen) Verzerrungen zu vermeiden, ist der eingebaute Spitzenbegrenzer (Limiter) einzuschalten. Nebeneinander angeordnete Flachbahn-Präzisionsregler zur Aussteuerung der Aus- und Eingangspegel gestatten die bequeme, praxisgerechte Paralleleinstellung beider Kanäle.
Unabhängig von der Programmquelle kann bei allen Aufnahmen über einen weiteren Präzisions-Flachbahnregler ein zusätzlich angeschlossenes Mikrophon eingeblendet werden.
Weitere Merkmale: Schaltung nach dem Steckkarten-System · professioneller, auf die Verwendung im Studiobereich ausgerichteter Aufbau (19″-Gestell-Einschub) · Zwei-Motoren-Antrieb · Bandartenwahlschalter für Normal- und Chromdioxid ($CrO_2$)-Band · pneumatisch gedämpfte Steuerung von Tonkopfschlitten und Cassettenschacht · Ein- und Ausgangsbuchsen nach deutscher und amerikanischer Norm.
Mitgeliefertes Zubehör:
Luxus-Etui mit Bedienungsanleitung, individuellem Meß- und Datenblatt, Meßton-Cassette, unbespielter $CrO_2$-Cassette C 60, Kontroll-Spiegel-Cassette, Überspiechleitungen, Reinigungsset.
Sonderzubehör (gehört nicht zum Lieferumfang): Fernbedienung RK 1.
*Das »Doppel-D« und das Wort »Dolby« sind geschützte Warenzeichen der Dolby Laboratories.

# ELAC Hi-Fi-Cassetten-Tonbandgeräte

| | ELAC CD 400 | ELAC CD 500 | ELAC/Nakamichi<br>700 Tri Tracer | ELAC/Nakamichi<br>1000 Tri-Tracer |
|---|---|---|---|---|
| 3-Kopf-System | – | – | ● | ● |
| Hinterbandkontrolle | – | – | ● | ● |
| getrennte Aufnahme-<br>und Wiedergabeverstärker | – | – | ● | ● |
| Dolby-System | – | ● | ● | ● |
| getrennte Dolby-Systeme für<br>Aufnahme und Wiedergabe | – | – | ● | ● |
| DNL-System | – | – | – | ● |
| Frequenzbereich<br>Low Noise-Band<br>$CrO_2$-Band | 20 ... 13000 Hz<br>20 ... 15000 Hz | | 20 ... 18000 Hz<br>20 ... 20000 Hz | |
| Geräuschspannungsabstand<br>$CrO_2$ ohne Dolby<br>$CrO_2$ mit Dolby | 50 dB<br>– | –<br>58 dB | –<br>< 60 dB | |
| Klirrfaktor $CrO_2$-Band | < 2 % | | < 2 % | |
| Übersprechdämpfung (Stereo)<br>500/6.300 Hz | > 30 dB | | > 35 dB | |
| Löschdämpfung | 70 dB | | 70 dB | |
| VU-Anzeige | ● | ● | – | – |
| Spitzenwertanzeige | – | – | ● | ● |
| Limiter | ● | ● | ● | ● |
| Tonträger | Compact-Cassetten C 60, C 90, C 120 | | | |
| Bandartenwahlschalter | ● | – | ● | ● |
| Automatische Wahl der Bandart | – | ● | – | – |
| Wiedergabeentzerrung<br>Low Noise-Band<br>$CrO_2$-Band | 1590/120 µ sec.<br>3180/ 70 µ sec. | | 1590/120 µ sec.<br>3180/ 70 µ sec. | |
| Aufnahmeverfahren/Spuren | Stereo / 4 | | Stereo / 4 | |
| Bandgeschwindigkeit | 4,75 cm/sec. | | 4,75 cm/sec. | |
| Geschwindigkeitsfeinregulierung | – | – | ± 6 % | |
| Elektronisch geregelter<br>Gleichstrommotor | ● | ● | ● | ● |
| Gleichlaufschwankungen | 0,13 % | | 0,12 % | 0,10 % |
| Doppel-Capstan | – | – | ● | ● |
| Separater Wickelmotor | – | – | ● | ● |
| Beleuchtete Laufanzeige | – | – | – | ● |
| Zählwerk | ● | ● | ● | ● |
| Zählwerk mit Memory-Schalter | – | – | ● | ● |
| Autom. Rückspulen (abschaltbar) | – | – | – | ● |
| Sensortasten mit Leuchtanzeige | – | – | ● | ● |
| Fernbedienung (Sonderzubehör) | – | – | ● | ● |
| Eingang für Einblendmikrofon | – | – | ● | ● |
| Eingangsempfindlichkeit<br>Radio<br>Line<br>Mikrofon | 3,5 ... 165 mV/47 kOhm<br>60 mV ... 4,6 V/100 kOhm<br>0,18 ... 8,6 mV / 2,7 kOhm | | 25 mV/47 kOhm/10 mV/47 kOhm<br>100 mV/100 kOhm<br>0,5 mV/600 Ohm | |
| Kopfhörerausgang (regelbar) | – | ● | ● | ● |
| Stromversorgung | 110/220 V ~ 50/60 Hz | | 100/117/220/240 V ~ 50/60 Hz | |
| Leistungsaufnahme | 12 VA | 14 VA | 60 VA | |
| Bestückung<br>integrierte Schaltungen<br>Transistoren<br>Dioden | –<br>27<br>11 | –<br>33<br>22 | 8<br>105<br>38 | 8<br>138<br>59 |
| Abmessungen B x H x T | 18,5 x 8,5 x 30 cm | 20 x 10 x 31 cm | 52 x 29 x 15 cm | 52,5 x 30,5 x 24 cm |
| Gewicht | 3,3 kg | 3,8 kg | 12,7 kg | 17,7 kg |
| Gehäuseausführung | Nußbaum natur | | | |

● vorhanden, – nicht vorhanden

# HIGH FIDELITY STEREO QUADRO

ELAC

## PROGRAMM 1977

## HiFi-Stereo-Cassettendecks

Durch intensive Grundlagenforschung ist es gelungen, die bisher unüberwindlich scheinenden Probleme der Compact-Cassette (geringe Bandgeschwindigkeit, geringe Spurweite) zu lösen. Hochpräzise Bandlaufwerke, neu entwickelte elektronische Schaltungen, spezielle Magnetköpfe, neue Bandqualitäten, sowie eine Reihe weiterer bedeutender Fortschritte garantieren HiFi-Qualität der Aufnahme und Wiedergabe. Die DIN 45 500 für Spulen-Tonbandgeräte wird erfüllt bzw. übertroffen. Eine Besonderheit im internationalen Angebot sind die ELAC/Nakamichi HiFi-Cassettendecks. Sie sind hinsichtlich ihrer Elektronik und Mechanik unübertroffen, auch im Vergleich zu Spulen-Tonbandgeräten.

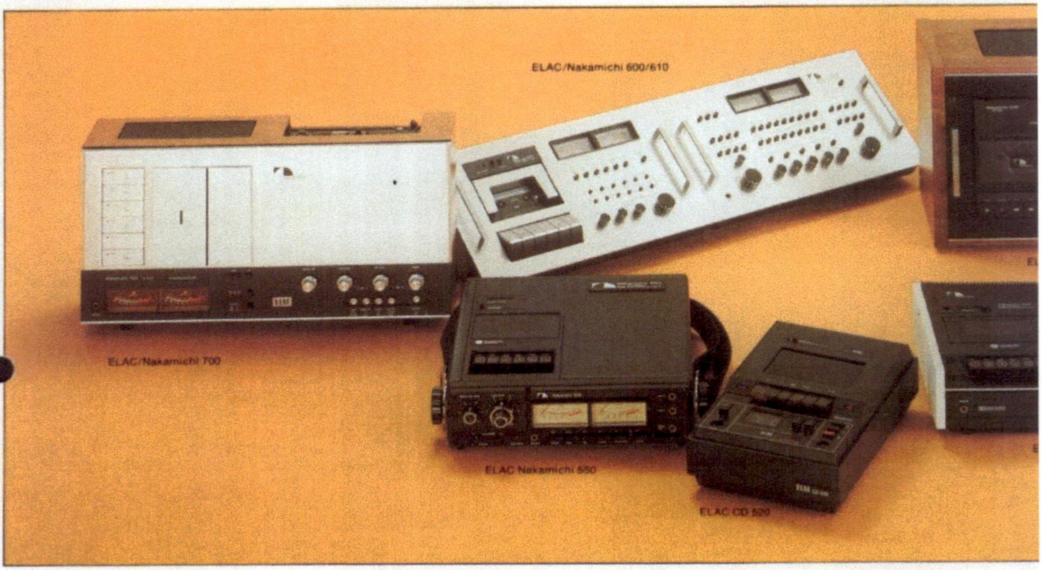
ELAC/Nakamichi 600/610
ELAC/Nakamichi 700
ELAC Nakamichi 550
ELAC CD 520

### ELAC CD 520

4Spur-HiFi-Stereo-Cassettendeck mit Dolby*- und DNL-System · Frequenzgang 20 ... 15 000 Hz · Geräuschspannungsabstand mit Dolby 58 dB · Gleichlaufschwankungen 0,13 % · durch Tacho-Generator geregelter Studio-Gleichstrommotor · »Focused Gap«-Aufnahme-/Wiedergabekopf · autom. Bandendabschaltung · autom. Umschaltung von Normal- auf Chromdioxid-Band · Kopfhöreranschluß mit Flachbahnregler.
Maße: 20 x 10 x 31 cm.
Gehäuse: Nußbaum furniert, altweiß oder schwarz.

### ELAC/Nakamichi 500

4Spur-HiFi-Stereo-Cassettendeck mit »Focused Gap«-Aufnahme-/Wiedergabekopf · durch Tacho-Generator geregelter Studio-Gleichstrommotor · Gleichlaufschwankungen 0,12 % · Zählwerk mit Memory-Programmierung · Dolby*-System mit 400 Hz-Testton-Generator · Geräuschspannungsabstand >58 dB · 3stufiger Bandarten-Wahlschalter · professionelle Spitzenwert-Anzeige · eingebauter Spitzenbegrenzer (Limiter) · eingebautes Stereo-Mischpult mit 3 Eingängen · Ausgangspegelregler kombiniert mit Lautstärkeregler für eingebauten Kopfhörer-Anschluß · Ein- und Ausgangsbuchsen nach DIN und US-Norm.
Maße: 38 x 11,5 x 25,5 cm.
Gehäuse: Nußbaum furniert oder altweiß.

### ELAC/Nakamichi 550

Netzunabhängiges 4Spur-HiFi-Stereo-Cassettendeck für mobilen und stationären Einsatz · »Focused Gap«-Aufnahme-/Wiedergabekopf · durch Tacho-Generator geregelter Studio-Gleichstrommotor · Gleichlaufkonstanz 0,12 % · Zählwerk mit »Programing-Timer« · Dolby*-System mit 400 Hz-Testton-Generator · professionelle Spitzenwert-Anzeige · eingebauter Spitzenbegrenzer (Limiter) · Mikrofon-Einblend-Eingang · Ausgangspegel für jeden Kanal getrennt regelbar · Kopfhörer-Ausgang mit sep. Regelmöglichkeit · Kontroll-Anzeige für Batteriespannung und abgelaufene Bandlänge · Ein- und Ausgangsbuchsen nach DIN und US-Norm.
Maße: 31 x 9 x 35 cm.

### ELAC/Nakamichi 600

4-Spur-HiFi-Stereo-Cassettendeck mit »Focused Gap«-Aufnahme-/Wiedergabekopf · servogesteuerter Studio-Gleichstrommotor · Gleichlaufschwankungen 0,12 % · Zählwerk mit Memory-Programmierung · Dolby-System mit 400 Hz-Testton-Generator · Geräuschspannungsabstand >60 dB · Multiplex-Filter · Summenregler · »Intermodulation Suppressor«-Schaltkreis zur Reduzierung nichtlinearer Verzerrungen · professionelle Spitzenwert-Anzeige · 3stufige Bandarten-Wahlschalter · Ein- und Ausgangsbuchsen nach DIN und US-Norm.
Maße: 40 x 17 x 24 cm.
Gehäuse: Front mattsilber.

### ELAC/Nakamichi 610

HiFi-Stereo-Kontroll-Vorverstärker mit extrem rauscharmen und verzerrungsfreien Eingängen · »Sinus«- und »Rosa Rauschen«-Generator für exakte Einpegelung angeschlossener Aufnahmemaschinen oder Lautsprecher mit Phasenüberprüfung und direkter -umkehr · A-B-C-Vergleich mit 3 Verstärkern oder 3 aktiven Lautsprecherpaaren · »Hin und Her«-Überspielen von 3 Spulen- oder Cassettengeräten · 5 Mikrofon-Vorverstärker · Hochpräziser Summenregler · 2 Vorverstärker für Magnet-Tonabnehmer · professionelle Spitzenwert-Anzeige – 40 bis 10 dB.
Maße: 40 x 17 x 24 cm.
Gehäuse: Front mattsilber.

### ELAC/Nakamichi 700 Tri-Tracer

4Spur-HiFi-Studio-Cassettendeck mit 3-Kopf-System · getrennte Köpfe für Aufnahme, Wiedergabe und Löschen in Verbindung mit getrennten Aufnahme- und Wiedergabeverstärkern · Gleichlaufkonstanz 0,10 % · Dolby*-System · Geräuschspannungsabstand >60 dB · neuartige Justier-Einrichtung des Aufnahmekopfes · Geschwindigkeit-Feinregulierung · relaisgesteuerte Laufwerksfunktionen mit Sensorfeldern · Logikschaltung zur Steuerung des zeitlichen Funktionsablaufs · autom. Endabschaltung · Zählwerk mit Memory-Programmierung · getrennte Spitzenwert-Anzeigeinstrumente · eingebauter Spitzenbegrenzer (Limiter) · Einblend-Mikrofon-Regler · Bandartenwahlschalter für Normal- und $CrO_2$-Band · pneumatisch gedämpfte Steuerung von Tonkopfschlitten und Cassettenschacht · Ein- und Ausgangsbuchsen nach DIN und US-Norm.
Maße: 52 x 29 x 15 cm.
Gehäuse: Nußbaum furniert, Front mattsilber.

*) Das »Doppel-D« und das Wort »Dolby« sind geschützte Warenzeichen der Dolby-Laboratories

## Stereo- und HiFi-Stereo-Compact-Anlagen

ELAC Compact-Anlagen sind Spitzenerzeugnisse dieses Gerätetyps, vollendet in Design und Technik. Sie vereinen in einem Gehäuse Rundfunkempfangsteil, Verstärker, Plattenspieler und bei den Anlagen ELAC COMPACT C 1100, C 1110 und ELAC COMPACT C 1300, C 1330 zusätzlich ein Cassettengerät. Das

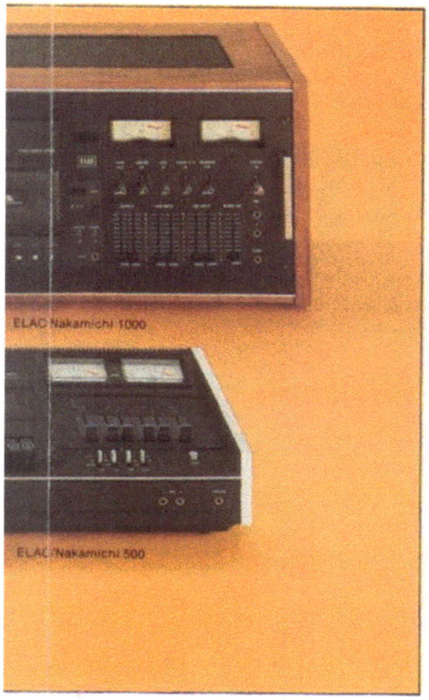

### ELAC/Nakamichi 1000 Tri-Tracer

4Spur-HiFi-Cassettendeck mit 3-Kopf-System · getrennte Köpfe für Aufnahme, Wiedergabe und Löschen in Verbindung mit getrennten Aufnahme- und Wiedergabeverstärkern · Gleichlaufschwankungen 0,10 % · 2 unabhängige Systeme zur Rauschunterdrückung, Dolby*- und DNL-System · Geräuschspannungsabstand >60 dB · neuartige Justier-Einrichtung des Aufnahmekopfes · Geschwindigkeitsfeinregulierung · relaisgesteuerte Laufwerksfunktionen mit Sensorfeldern · Logikschalter zur Steuerung des zeitlichen Funktionablaufs · autom. Endabschaltung · Zählwerk mit Memory-Programmierung · autom. Rückspuleinrichtung · beleuchtete Laufanzeige · getrennte Spitzenwert-Anzeigeinstrumente · eingebauter Spitzenbegrenzer (Limiter) · Einblend-Mikrofon-Regler · Flachbahn-Präzisionsregler · Bandartenwahlschalter für Normal- und $CrO_2$-Band · pneumatisch gedämpfte Steuerung von Tonkopfschlitten und Cassettenschacht · Ein- und Ausgangsbuchsen nach DIN und US-Norm · auf den Studiobereich ausgerichteter 19"-Gestell-Einschub
Maße: 52,5 x 30,5 x 24 cm
Gehäuse: Nußbaum furniert

### ELAC SV 250 Quadrosound

Stereo-Heimanlage mit Stereo-Verstärker (2 x 12,5 W Musikleistung), Stereo-Plattenspieler ELAC 805 und zwei Lautsprecherboxen. Regler für Höhen, Tiefen, Balance, Volumen · Anschlüsse für Tonbandgerät und Quadrosound-Lautsprecher
Maße mit geschlossener Haube
44,5 x 19 x 38,5 cm
Maße der Lautsprecherboxen
21 x 28 x 12 cm
Gehäuse: schwarz/metallic oder schwarz/Nußbaum-Dekor

### ELAC SV 500 Quadrosound

HiFi-Stereo-Heimanlage mit HiFi-Stereo-Verstärker (2 x 25 W Musikleistung), HiFi-Stereo-Plattenspieler ELAC 810 und zwei HiFi-Lautsprecherboxen. Regler für Höhen, Tiefen, Balance, Volumen, Quadrosound, Duplo-Stereo · Drucktasten für Linear, TA, TB und Radio · Output-Anzeigeinstrument · Anschlüsse für Tonbandgerät, Quadrosound-Lautsprecher, Kopfhörer
Maße mit geschlossener Haube
44,5 x 19 x 38,5 cm
Maße der Lautsprecherboxen
21 x 28 x 15 cm
Gehäuse: schwarz/metallic oder schwarz/Nußbaum-Dekor

### ELAC COMPACT 250 Quadrosound

Stereo-Compact-Anlage, bestehend aus Stereo-Verstärker mit 2 x 12,5 W Musikleistung, Rundfunkempfangsteil (UKW, MW, LW), Stereo-Plattenspieler ELAC 805 und zwei auf die Anlage abgestimmten Lautsprecherboxen. Regler für Höhen, Tiefen, Balance, Quadrosound, Volumen · Drucktasten für Wellenbereiche, TA und TB · Stereo-Anzeige · Abstimminstrument · beleuchtete Abstimmskala · Anschlüsse für Stereo-Tonbandgerät, Quadrosound-Lautsprecher.
Maße mit geschlossener Haube:
44,5 x 19 x 38,5 cm
Maße der Lautsprecherboxen:
21 x 28 x 12 cm
Gehäuse: schwarz/metallic oder schwarz/Nußbaum-Dekor

### ELAC COMPACT 500 Quadrosound

HiFi-Stereo-Compact-Anlage, bestehend aus HiFi-Stereo-Verstärker mit 2 x 25 W Musikleistung, Rundfunkempfangsteil (UKW, MW, LW), HiFi-Stereo-Plattenspieler ELAC 810 und zwei auf die Anlage abgestimmten Lautsprecherboxen. Regler für Höhen, Tiefen, Balance, Volumen, Quadrosound + Duplo-Stereo-Einschaltung · Drucktasten für Wellenbereiche, Linear, AFC, TA und TB · Stereo-Anzeige · Abstimminstrument · Anschlüsse für Stereo-Tonbandgerät, Quadrosound-Lautsprecher, Kopfhörer
Maße mit geschlossener Haube:
44,5 x 19 x 38,5 cm
Maße der Lautsprecherboxen:
21 x 28 x 15 cm
Gehäuse: schwarz/metallic oder schwarz/Nußbaum-Dekor

Nakamichi

→ 1973 →

# 1000 ZXL

Das Spitzenmodell von Nakamichi. Alle Funktionen und Einstellungen werden von den innovativen A.B.L.E/RAMM Computern vorgenommen bzw. überwacht. Frequenzgang 18–25.000 Hz ± 3 dB.

Das Nakamichi Deck 1000 ZXL gilt weltweit als „Referenzstandard" für Cassettendecks. Es ist der Maßstab für Cassettendecks überhaupt. Nicht nur für die Wiedergabequalität, sondern ebenso für die Verarbeitung, Technologie und für die verwendete Elektronik. Gleiches gilt für die selektierte und in handwerklicher Einzelanfertigung hergestellte Sonderversion 1000 ZXL Limited.

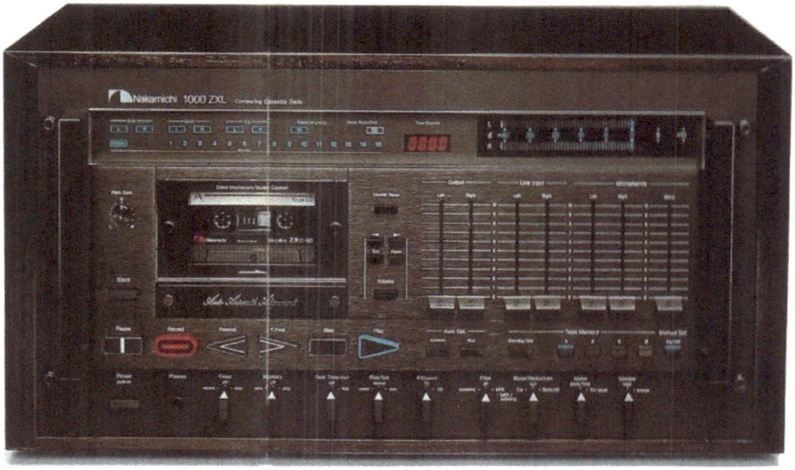


## 1000 ZXL Computing Cassette Deck

Wie alle Nakamichi Spitzendecks verfügt das 1000 ZXL über eine diskret aufgebaute 3-Kopf-Konfiguration. Der Antrieb erfolgt über ein asymmetrisches Dual-Capstan-System. Zwei Computersysteme A.B.L.E. und RAMM übernehmen und überwachen praktisch alle Einstell- und Einmeßfunktionen. Der A.B.L.E. stellt automatisch in 256 Einzelschritten alle für die Aufzeichnung wichtigen Parameter ein. Nämlich Azimuth, Vormagnetisierung, Pegel, Entzerrung. Diese Daten lassen sich für insgesamt 4 Bandsorten speichern.
Einmessen mit A.B.L.E. ermöglicht einen Frequenzgang von 18–25.000 Hz ± 3 dB.

Der RAMM-Computer bietet eine Programmauswahl – mit beliebigem Zugriff – für bis zu 15 Programmteile. Für die Wiedergabe sind bis zu 30 Befehle zum Wiedergeben des Programms in jeder Reihenfolge möglich.
RAMM speichert ebenfalls die Wiedergabe-Entzerrung und stellt den 1000 ZXL automatisch auf das jeweils verwendete Rauschunterdrückungssystem ein. Dolby C Rauschunterdrückung als Sonderzubehör. Ebenso eine Fernbedienung für alle wichtigen Funktionen.

## 1000 ZXL Limited

Selektierte, in handwerklicher Einzelanfertigung ausgeführte Sonderversion.

- Frontplatte und Bedienungselemente mit 18 Karat Goldauflage
- Alle Teile selektiert
- Dolby C Einheit im Lieferumfang
- 2 digitalaufgezeichnete Live-Democassetten

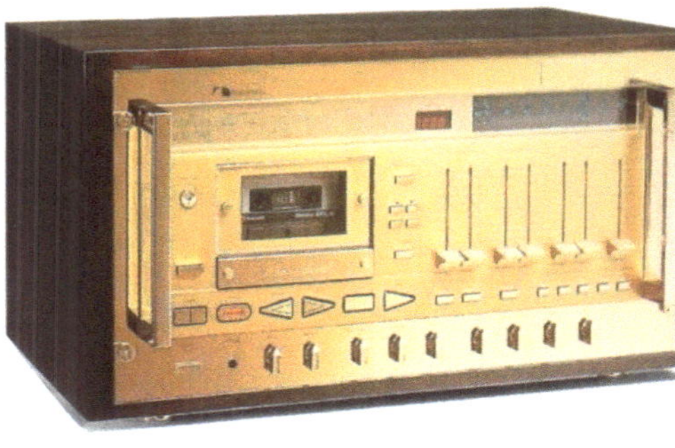

Nakamichi
NAAC

**Nakamichi informiert Nr. 1**
**Zum Thema: Azimuth-Probleme**

## Wie werden Musik-Signale auf dem Tonband aufgezeichnet?

Erst die Qualität der Summe aller Detaillösungen macht den Unterschied zum Massenprodukt aus. Nakamichi war und wird nie ein Massenprodukt sein.

Der hervorragende Name Nakamichi ist seit über einem Jahrzehnt weltweit ein Synonym für außergewöhnliche Detail-Innovationen, die nur dem einen Ziel dienen: kompromißlos dem Musik-Enthusiasten das Beste zu bieten, was heute technisch realisierbar ist.

Dem Thema der Bedeutung dieser Detaillösungen ist diese Information gewidmet. Sie behandelt das Hauptproblem heutiger Auto Reverse Cassettenrecorder und unsere Lösung durch das System der Nakamichi Auto Azimuth Correction.

Das wiedergabeseitig arbeitende vollautomatische Azimuth-Korrektur-System „NAAC" ermöglicht die höchste Qualität der Tonbandwiedergabe. Nakamichi ist mit dieser Entwicklung wieder ein sensationeller Durchbruch bestehender technischer Grenzen gelungen.

Gerade bei Cassettenrecordern mit Auto Reverse-Funktion, stellt man häufig bei der Laufrichtungsumkehr fest, daß plötzlich der Musik die Brillanz und die Höhen fehlen, was zu einer dumpfen und leblosen Klangreproduktion führt. Die Ursache dieses Phänomens ist der sogenannte Azimuthfehler. Da über die Ursachen und Auswirkungen dieses Azimuthfehlers in der Öffentlichkeit sehr wenig bekannt ist, möchte Nakamichi einige Hintergrundinformationen zu diesem Thema geben.

**Die Lösung des Problems fängt mit dieser Fragestellung an.**

Ein Azimuthfehler tritt dann auf, wenn beim Abspielen der Musik der relative Winkel des Wiedergabekopfes ungleich dem Winkel des Aufnahmekopfes ist, mit dem die Musik vorher aufgezeichnet wurde. Diese Aussage ist sicherlich etwas schwer verständlich. Wir haben deshalb mit einer von uns entwickelten Methode, die der Sichtbarmachung von Magnetfeldern dient, Musikinformationen, wie sie auf dem Tonband aufgezeichnet sind, optisch dargestellt. Diese „optische Musikinformation" sieht den Codezeichen, wie sie von Lebensmittelverpackungen her bekannt sind, ähnlich.

Das obere Bild stellt einen Geigenton im linken Kanal aus dem Werk „Die vier Jahreszeiten" von Antonio Vivaldi dar; das untere Bild ist ein sichtbar gemachter 400 Hz Kalibrierton, der für die Dolby-Justage benötigt wird. Die schwarzen Streifen stellen den magnetischen Nordpol und die weißen Streifen den magnetischen Südpol dar. Der Wiedergabekopf, der diese Streifen nacheinander abtastet, wandelt diese wechselnden Nord-Süd Magnetinformationen in ein elektrisches Signal um. Das erheblich kompliziertere Bild beim Geigenton läßt sich dadurch erklären, daß im Geigenton zahlreiche Obertöne enthalten sind. Diese Obertöne, die bis über 20 kHz reichen können, geben dem Geigenton seine spezifische Klangfarbe. Da die Breite eines dieser Streifen bei 20 kHz dem 1/50 der Streifenbreite bei 400 Hz entspricht, liegt die berechnete minimale Streifenbreite bei 1μ. Der hochwertige Crystalloy-Wiedergabekopf von Nakamichi mit einer Spaltbreite von 0,6μ ist somit ohne weiteres in der Lage, die Nord- und Südpole auch bei 20 kHz noch getrennt zu erkennen. Was geschieht nun, wenn der Spalt des Wiedergabekopfes geringfügig schräg zu den aufgenommenen Streifen liegt – also wenn ein Azimuthfehler auftritt? Zur Erläuterung dieses Sachverhaltes dient die nachstehende Zeichnung.

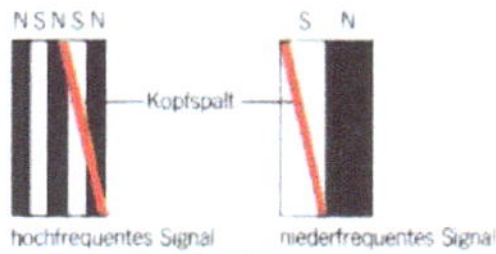


Darstellung falscher Azimutheinstellung

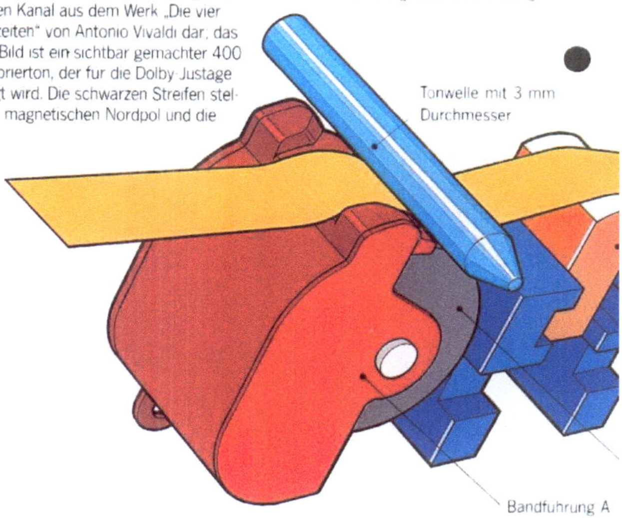

## Azimuth-Probleme verstärkt; durch Auto Reverse-Betrieb.

Bei den hohen Tönen, die in dem Bild durch schmale Streifen dargestellt sind, ist die Gefahr sehr groß, daß ein geringfügig schräg stehender Kopfspalt einen schwarzen und einen weißen Streifen gleichzeitig erfaßt. In diesem Fall hebt sich, durch das gleichzeitige Vorhandensein eines Nord- und Südpoles am Wiedergabekopfspalt, das Signal selbst auf und der Wiedergabekopf wird kein Signal mehr erzeugen. Dies ist die Ursache der Tonqualitätsminderung durch den Azimuthfehler.

Während das Signal von tiefen Frequenzen durch einen geringfügigen Azimuthfehler kaum beeinflußt wird, nimmt jedoch bei hohen Tönen die Bedeutung des Azimuthfehlers mit steigender Frequenz zu. Hohe Frequenzen sind meist die Obertöne eines Grundtons. Wie bereits gesagt, bestimmen ausschließlich die Obertöne die Klangfarbe eines Musikinstrumentes. In den Obertönen liegt der Unterschied zwischen einer Schülergeige und einer Stradivari! Mit anderen Worten kann ein Azimuthfehler den substantiellen, entscheidenden Charakter eines musikalischen Erlebnisses zunichte machen. Wir glauben, daß wir Ihnen mit diesen Ausführungen deutlich machen konnten, von welch hoher Bedeutung die korrekte Azimutheinstellung für wirklich perfekte Klangreproduktion ist.

Nach der Betrachtung der Auswirkungen des Azimuthfehlers bei der Wiedergabe, soll nun geklärt werden, wie es zu diesem Azimuthfehler bei Auto Reverse Cassettenrecordern kommt. Obwohl heutige Cassettenrecorder und auch die Cassetten selbst äußerst präzise hergestellt werden, liegt das Problem überwiegend beim Bandtransport. Das Tonband der Cassette mit einer Breite von 3,81 mm und einer Bandstärke von nur 12μ (bei C90 Normband) wird beim Transport, während es an den Bandführungen der Tonwelle und -Köpfen vorbeiläuft, diversen unberechenbaren Kräften und Reibungen ausgesetzt. Dies hat zur Folge, daß wenn der Azimuth für eine Bandlaufrichtung richtig eingestellt wurde, er in der entgegengesetzten Laufrichtung völlig falsch liegen kann. Zur Beseitigung dieses Problems mußte deshalb eine Lösung gefunden werden, die sicherstellt, daß beim Vor- und Rücklauf die gleichen Kräfte auf das Band einwirken. Die Lösung ist ein völlig neu konzipiertes Bandlaufwerk, das erstmals in unserem Recorder DRAGON mit Auto Reverse-Funktion zum Einsatz kommt. Dieses Laufwerk hat 2 quarzgeregelte Direktantriebsmotoren mit extrem konstantem Drehmoment. Diese Motoren treiben direkt die Tonwellen an und sorgen so in jeder Laufrichtung für einen absolut stabilen Gleichlauf. Der Aufbau und die Wirkungsweise dieser neuen Motoren würde viele Seiten einer technischen Publikation füllen, weshalb wir hier nicht näher darauf eingehen wollen.

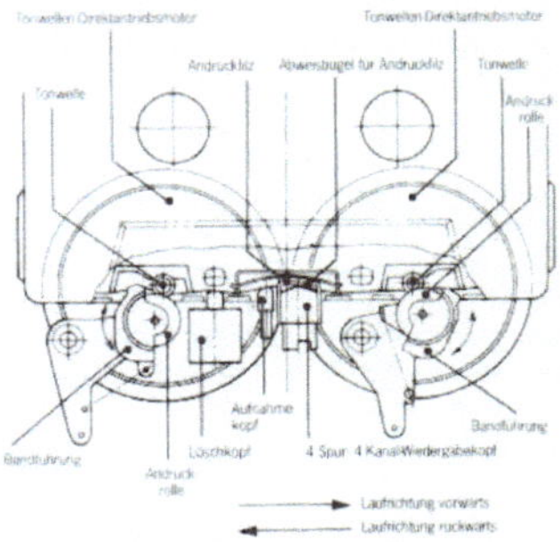


Resonanzkompensierendes Doppelcapstan-Laufwerk

Durch die Wahl unterschiedlicher Durchmesser der Tonwellen werden Resonanzen, die beim Drehen gleich großer Massen auftreten, verhindert. Ferner dreht sich die Tonwelle auf der Band-Vorratsseite um 0,2% langsamer als die Tonwelle auf der Aufwickelseite. Diese quarzgesteuerte unterschiedliche Drehgeschwindigkeit sorgt dafür, daß das Tonband zwischen den Tonwellen immer optimal straff gespannt ist. Somit ist eine exakte Bandführung in beiden Laufrichtungen möglich.

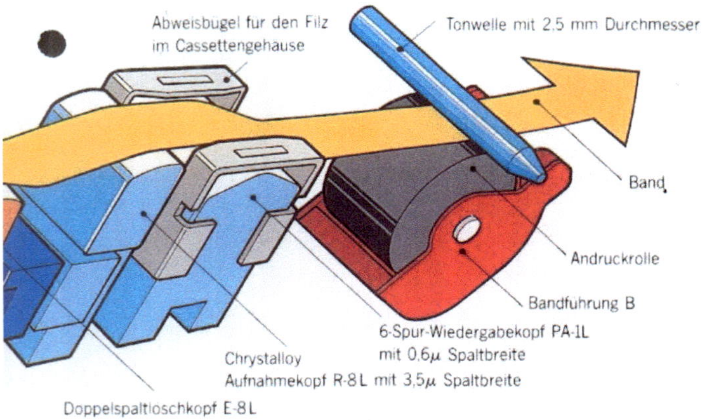

## Mikromechanik im DRAGON; die Bandführungen.

Wenden wir uns nun den Bandführungen zu, denen zu Unrecht meistens viel zu wenig Aufmerksamkeit geschenkt wird. Doch auch in diesen Bandführungen steckt das ganze Nakamichi Know-How der vergangenen Jahrzehnte. Entgegen anderen Cassettenrecordern sind beim DRAGON die Bandführungen außerhalb der Tonwellen angebracht. Dies bewirkt, daß beim Bandtransport zwischen den beiden Tonwellen keine zusätzlichen Reibungsverluste entstehen. Die Form der Bandführung und die Oberfläche sind völlig neu gestaltet. Eine wesentlich größere und gekrümmte Kontaktfläche ermöglicht eine exakte Führung des Bandes. Die Krümmung der Kontaktoberfläche führt zu einer Stabilisierung des Bandes. Diese Idee folgt dem gleichen Prinzip, nach dem Sie ein Stück Papier, dem Sie Stabilität geben wollen nicht gerade, sondern leicht gekrümmt halten.

Eine weitere geniale Detaillösung ist die durch die Drehrichtung der Andruckrollen gesteuerte Umschaltung der Bandführungen. Durch diese Technik greift jeweils nur die zur entsprechenden Bandlaufrichtung erforderliche Bandführung in den Transport ein. Reibungsverluste werden durch diese Technik weiter reduziert und die Wahrscheinlichkeit eines Azimuthfehlers weiter verringert.

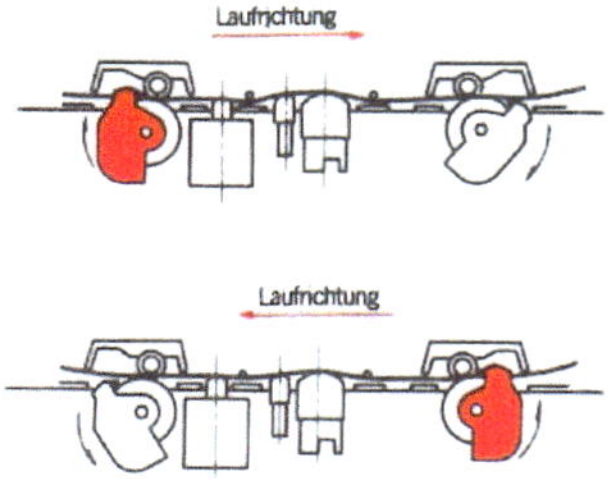


Umschaltung der Bandführung bei Laufrichtungsänderung

## Probleme finden bei Nakamichi ihre Lösungen.

**NAAC – ist die Antwort von Nakamichi auf die letzten Probleme bei Auto Reverse Cassettenrecordern der Spitzenklasse**

Sowohl im DRAGON als auch im Cassettenteil des Nakamichi Mobile Sound Systems, findet man diese Nakamichi Spitzenlaufwerke, die mit zum hochwertigsten zählen, was heutige Cassettendeck-Technologie erreichen kann. Trotz aufwendigster mechanischer Präzision ist es dennoch, selbst bei diesen Laufwerken, nicht möglich gewesen, den Azimuthfehler völlig auszuschließen. So forschte Nakamichi seit 7 Jahren, um eine grundsätzliche Lösung des Azimuthproblems zu schaffen. Über Jahre hinaus waren unsere Labors mit Rechnern und Meßgeräten überfüllt, als wir noch versuchten, das Problem rein elektronisch zu lösen. Nach langen Jahren fanden wir endlich das richtige System: NAAC, das in seiner Funktionsweise genial einfach ist. Im Wiedergabekopf wurde der Kopfspalt für den rechten Kanal modifiziert. Er wurde so konzipiert, daß statt eines rechten Kanals, zwei rechte, halbe Kanäle zur Verfügung stehen. Im Falle einer korrekten Azimuthstellung des Kopfes sind diese beiden halben rechten Kanäle völlig identisch.

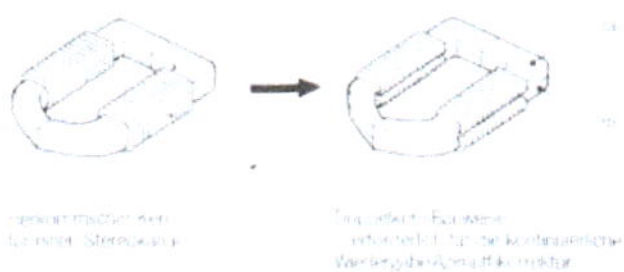

Liegt jedoch ein Azimuthfehler vor, so führt dieser zu einer Phasenverschiebung der Musiksignale, die von einer speziellen Elektronik entdeckt wird. Dann regelt ein Motor die Stellung des Wiedergabekopfes so lange nach, bis diese Phasenverschiebung nicht mehr vorhanden ist, also beide Teile des rechten Kanals wieder identisch sind. In dieser Weise wird der Spalt des Wiedergabekopfes stets exakt parallel zu den anfangs genannten „Musikstreifen" auf dem Band gehalten. Auch bei einer Laufrichtungsumkehr wird ein Azimuthfehler sofort erkannt und die Kopfstellung umgehend korrigiert. Somit kann das NAAC-System, dessen mechanischer Aufbau erstaunlich simpel ist, in jeder Beziehung als endgültiges Azimuthfehler-Korrektursystem bezeichnet werden.

Gemaß der Weisheit, daß man nie den zweiten Schritt vor dem ersten machen sollte, haben wir erst nach Vollendung des NAAC-Systems das neue Laufwerk entwickelt. Die Kombination der beiden Entwicklungen stellt das „Non-Plus-Ultra" heutiger Cassettentechnologie dar.

Wir haben uns bemüht, Ihnen mit dieser Information etwas über die komplexen Probleme qualitativ hochwertiger Musikaufzeichnung zu vermitteln. Es ist nun an Ihnen, den nächsten Schritt in die richtige Richtung zu machen, um sich bei Ihrem Nakamichi Fachhändler von der schon legendären Nakamichi Qualität zu überzeugen.

NAAC
Nakamichi Auto Azimuth Correction

Nakamichi GmbH
Stephanienstraße 6
4000 Düsseldorf 1
Tel. 0211-35 90 36/39

Nakamichi

**Dragon**
**3 Head Auto Reverse**
**N.A.A.C. Cassette Deck**

## Beispielhaft:
## Das neue Nakamichi Prinzip der perfekten Wiedergabe.

### Die Bedeutung der optimalen Azimuth Correction.

Nakamichi hatte bereits ein System entwickelt, das den exakten Azimuth des Aufnahmekopfes vor jeder Aufnahme gewährleistet.

Aber trotz der Vorbildlichkeit dieses Systems war es nicht in der Lage, Azimuthfehler bei Bändern zu korrigieren, die mit anderen Geräten aufgenommen wurden. Die exakte Azimuth-Einstellung auch beim Wiedergabekopf ist aber unerläßlich für eine hochwertige Wiedergabequalität: Denn eine Abweichung der relativen Spaltlage vom Aufnahme- zum Wiedergabekopf von 1/15° (0,01%) verschlechtert die Höhenwiedergabe bei 10 kHz um 1 dB und bei 20 kHz sogar um 4 dB. Bei einem Azimuthfehler von 2/15° ist eine Wiedergabe von 20 kHz-Signalen nicht mehr möglich. Fehler dieser Größenordnung entstehen bereits durch Bandführungstoleranzen in jeder Cassette, durch Abmessungsfehler des Cassettengehäuses oder durch eine ungenaue Kopf-Justage.

Das Resultat: Die Musik klingt dumpf und ausdruckslos, es fehlt jene Sauberkeit und Frische, die ihr erst Lebendigkeit verleiht, selbst wenn bei der Aufnahme noch das gesamte Frequenzspektrum aufgezeichnet wurde.

Durch Azimuthfehler verursachte Verschlechterung des Frequenzgangs im Hochtonbereich

### N.A.A.C.: Maximale Wiedergabequalität von jeder Cassette.

Die Nakamichi Auto Azimuth Correction (N.A.A.C.) ermöglicht zum erstenmal die wiedergabeseitige Azimuth-Korrektur. Azimuthfehler, die beim Abspielen gekaufter Cassetten oder bei Fremdaufnahmen, bei Bandführungstoleranzen oder bei Abmessungsfehlern auftreten, werden automatisch korrigiert. Das N.A.A.C. System arbeitet kontinuierlich, so daß jederzeit eine maximale Wiedergabequalität gewährleistet ist.

### Die neue Nakamichi-Kopfgeneration im Dragon.

Die Wiedergabe-Azimuth-Korrektur erfordert eine neue Generation von Tonköpfen. Anstelle von je einem Kopfsegment pro Kanal treten 2 Segmente.

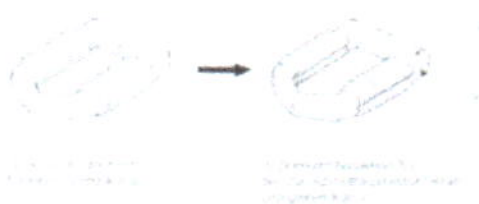

Wenn der Wiedergabe-Azimuth korrekt ist, sind die Ausgangs-Signale in beiden Segmenten phasengleich. Besteht jedoch eine Abweichung in der Phase, so ist die Azimuth-Einstellung nicht korrekt.

Die untere Abbildung zeigt die Arbeitsweise des N.A.A.C.-Systems. Die von den Halbspurköpfen wiedergegebenen Musiksignale werden in Rechtecksignale verwandelt und miteinander verglichen. Treten Abweichungen in der Phase auf, so wird über einen Servo-Schaltkreis per Motor die Lage des Wiedergabekopfes so lange geändert, bis die Phasenlage gleich ist. Damit ist zum erstenmal eine kontinuierliche Azimuth-Kontrolle möglich.

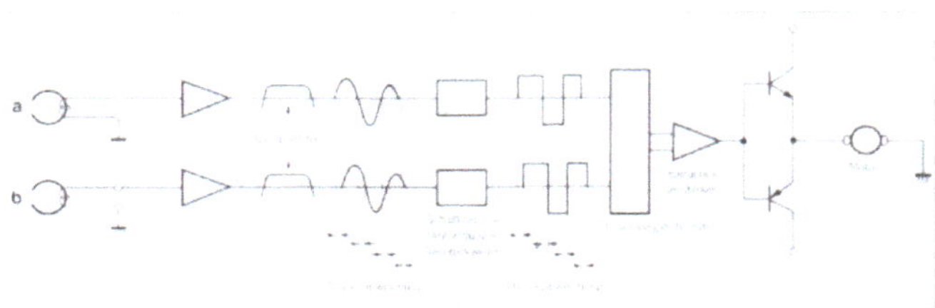

Blockschaltbild der automatischen Azimuthkorrektur des Wiedergabekopfes

## Technologische Präzision ermöglicht den optimalen Bandantrieb.

**Doppelter Direktantrieb mit Auto Reverse.**

Der Dragon ist das erste Nakamichi Cassettendeck mit zwei Tonwellen, doppeltem Direktantrieb und automatischem Laufrichtungswechsel. Es bietet dank N.A.A.C. alle Vorteile des Auto Reverse-Endlosbetriebs ohne Einbußen bei der Hochtonwiedergabe und optimale Gleichlaufkonstanz durch die Nakamichi-SLT*-Motoren.

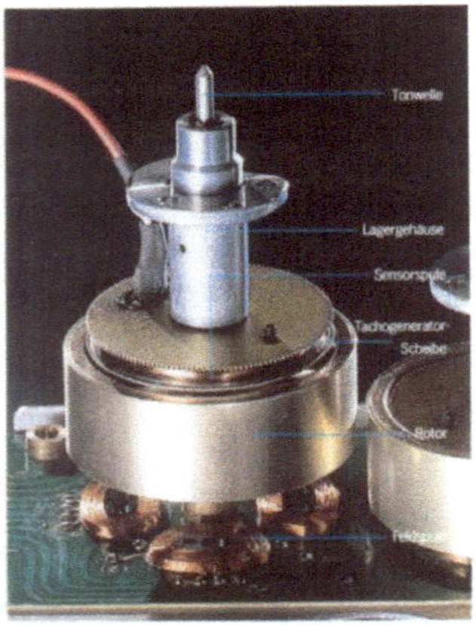


* super linear torque

Aufgrund ihrer ungewöhnlichen, sternförmigen Rotor-Magnetschicht erzeugen diese super-linearen Motoren ein optimales, gleichmaßiges Drehmoment. Zwei dieser Motoren mit super-linearem Drehmoment kommen zum Einsatz, wobei jede Tonwelle direkt und durch einen eigenen Motor angetrieben wird.

Damit sind Gleichlaufschwankungen und Modulationsrauschen in beiden Laufrichtungen des Bandes praktisch ausgeschlossen.

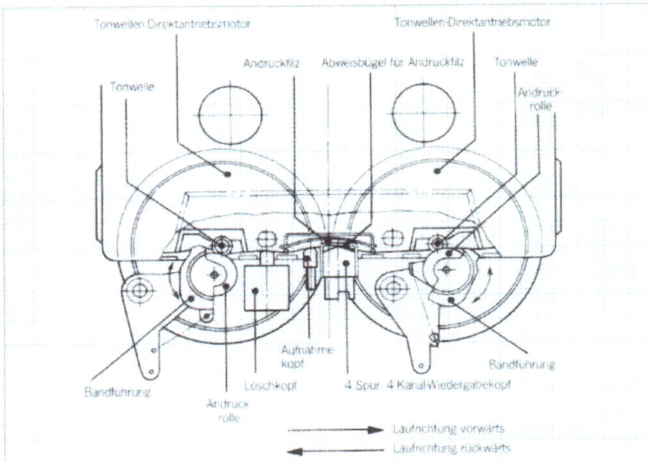


Aufbau des Auto-Reverse-Bandlaufwerks mit zwei direkt angetriebenen Tonwellen.

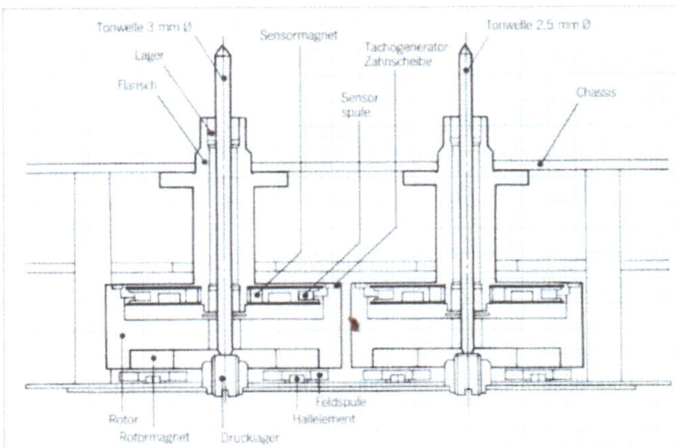


Querschnitt durch das Auto-Reverse-Bandlaufwerk mit zwei direkt angetriebenen Tonwellen.

Beide Motoren arbeiten in jeder Richtung. Durch den zweifachen, direkten Tonwellenantrieb liegen die Gleichlaufschwankungen beim Dragon unter 0,019%, während das Modulationsrauschen kaum noch meßbar ist.

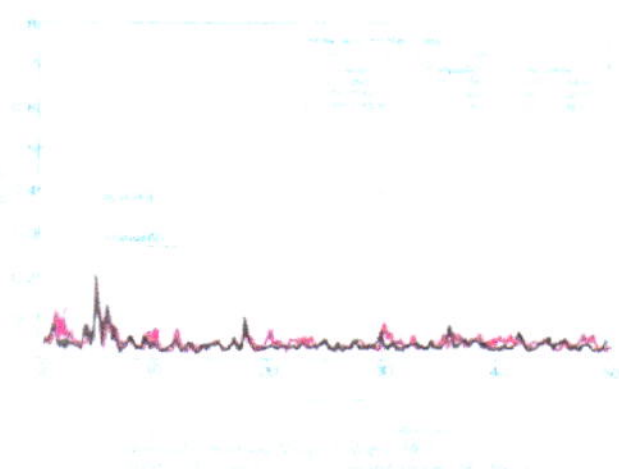

Spektral-Analyse der Gleichlaufschwankungen (Spitzenwert unbewertet)

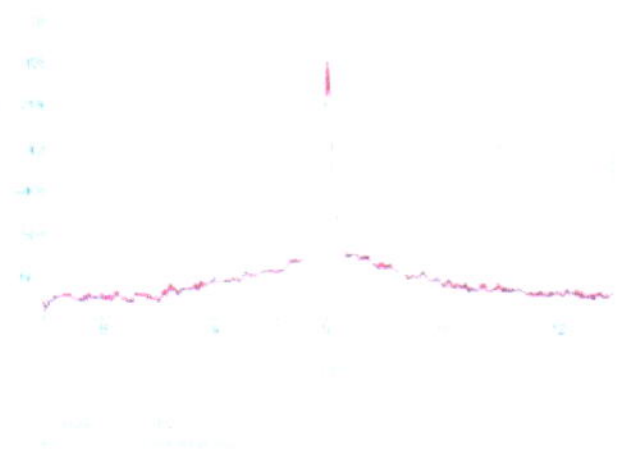

Analyse des Modulationsrauschens

Die SLT-Motoren des Dragon arbeiten mit quarzstabiler Drehzahlregelung. Und zwar so, daß sich in jeder Laufrichtung die Tonwelle auf der „Vorratsseite" 0,2% langsamer dreht als die auf der „Aufwickelseite". Dadurch ist ein präziser Bandzug gewährleistet. Damit kann Nakamichi den Andruckfilz außer Kraft setzen, der eine Quelle für Kopfspiegelresonanzen ist. Die Tonwellen sind „asymmetrisch", d.h. sie haben unterschiedliche Durchmesser zur Vermeidung von Resonanzen.

Das Laufwerk-Chassis ist aus einer besonderen Aluminium-Legierung gefertigt, die durch eine Spezialbehandlung resonanzfrei gemacht wurde. So können mechanische Vibrationen bereits absorbiert werden, bevor sie sich nachteilig auf den Bandtransport auswirken. Dadurch wird die Bandgeschwindigkeit stabilisiert, Gleichlaufschwankungen sowie das Modulationsrauschen werden reduziert – ein weiterer Beitrag zur einmaligen Reinheit des „Nakamichi-Sound".

## Diskrete Dreikopf-Technologie mit Auto Reverse.

Mit seinem 2-Spur/2-Kanal-Aufnahmekopf aus Cystalloy und dem Doppelspalt-Ferrit/Sendust-Löschkopf erfaßt der Dragon das gesamte Klangspektrum von 20 Hz bis 22 kHz beim Vorlauf des Bandes und erlaubt eine Wiedergabe in beiden Laufrichtungen mit untadeliger Gleichmäßigkeit. Durch die besondere Geometrie der Magnetpole – ebenfalls eine Nakamichi-Entwicklung – wird die Welligkeit im Tieftonbereich vermieden. Und dank einer besonderen Oberflächenbehandlung erreichen die Tonköpfe eine Lebensdauer von mehr als 10.000 Stunden!

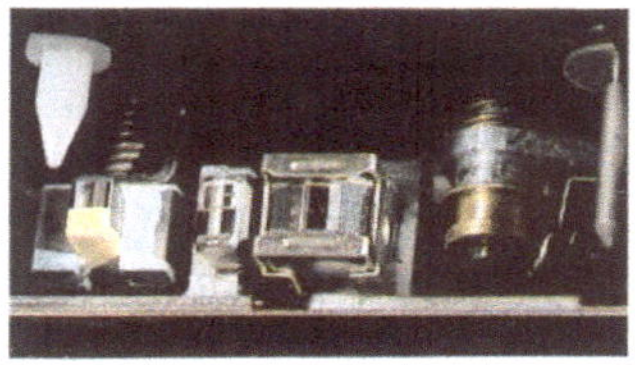

Wiedergabekopf PA 1L

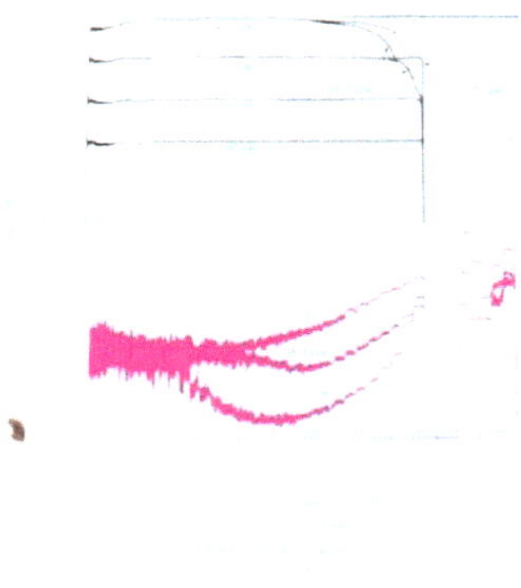

Spektral-Analyse des Frequenzgangs und des Rauschens

## Verstärker- und Steuerungs-elektronik: Innovation auf einer neuen Ebene.

### Hochleistungs-Elektronik.

Eine derart hochwertige Elektronik wie die des Dragon wird man kaum in einem anderen Cassettendeck finden. Der Klirrfaktor liegt unter 0,005% – nahezu unglaublich, wenn man bedenkt, wie kompliziert die Aufnahme-Elektronik eines Cassettengerätes ist. Der Dragon hat nicht weniger als sechs separate Entzerrungs-Vorverstärker in seiner Wiedergabeschaltung, um die N.A.A.C.-Azimuthkorrektur und einen Zweirichtungsbetrieb ermöglichen zu können. Darüberhinaus sind Aufnahme- und Wiedergabeverstärker direkt gekoppelt. Jedes Cassettendeck wird werksseitig von Hand justiert, um eine perfekte Pegelanpassung und optimale Leistung zu garantieren.

### Präzision und Bedienungskomfort durch Mikroprozessor-Steuerung.

Drei Mikroprozessoren überwachen – über Funktionstasten an der Frontplatte – eingegebene Befehle und deren Ausführung.

Mikroprozessoren für die elektromechanische Laufwerkssteuerung

So kann die motorgesteuerte Mechanik jeden Funktionswechsel blitzschnell und weitaus genauer durchführen, als dies bisher mit Hubmagneten möglich war. Die Steuerung des Dragon läuft gleichmäßig und geräuschlos ab, ohne ruckartige Bewegungen, wie man sie von Hubmagneten gewohnt ist. Außerdem bestimmen die Mikroprozessoren die Drehzahl der Antriebsmotoren und deren Laufrichtung, wodurch ein vollkommen störungsfreier Auto Reverse-Betrieb gewährleistet ist. Durch die „Intelligenz" der Laufwerksteuerung des Dragon sind nun auch eine ganze Anzahl ungewöhnlicher Funktionen möglich:

Automatische Aufnahme-Pausenschaltung, Schnelldurchlauf mit Mithormöglichkeit, direktes Umschalten von Wiedergabe auf Aufnahme ohne Zwischenstopp und programmierbare Schaltvorgänge über das Zählwerk.

### Modernste DOLBY-Rauschunterdrückung.

Der Dragon ist mit einem hochentwickelten Nakamichi Ein-Chip-Prozessor für die DOLBY-B- und C-Rauschunterdrückung ausgestattet. Durch den Einsatz dieses fortschrittlichen integrierten Schaltkreises anstelle herkömmlicher DOLBY-B-Chips in Kaskadenschaltung konnten Toleranzen verringert und ein enormer Dynamikumfang erzielt werden.

Integrierter DOLBY-C-Schaltkreis (IC)

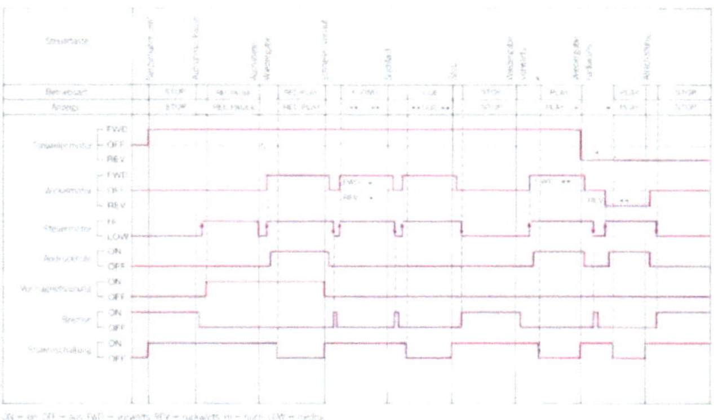

Zeitablaufplan des Bandtransports

## Weitere Leistungsmerkmale, die den Dragon auszeichnen.

- **Aussteuerungsregler.**
  Eingangspegel-Summensteller mit separaten Reglern für den linken und rechten Kanal zur präzisen Aussteuerung der Aufnahmepegel.

- **Ausgangspegelregler.**
  Zur Anpassung des Recorder-output-levels an andere Eingänge des Verstärkers.

- **Kalibrier-Möglichkeiten.**
  Individuelle Einmeßmöglichkeiten für jede Bandsorte, jeweils getrennt für den rechten und linken Kanal. Optimiert werden hierdurch die Parameter:
  Vormagnetisierung (Bias)
  Aufsprechpegel (Level)
  Hilfestellung geben dabei ein Testtongenerator (mit zwei Frequenzen) und eine fein abgestufte Aussteuerungsanzeige. So führt die elektronische Logik Schritt für Schritt durch den Einmeßvorgang. Nach dessen Beendigung spult das Gerät nach Betätigung der „reset"-Taste automatisch zum Startpunkt zurück.

- **Löschoszillator.**
  Ein quarz-geregelter Oszillator mit einer Löschfrequenz von 52,5 kHz ermöglicht eine um ca. 10 dB bessere Löschdämpfung bei tiefen Frequenzen und löscht auch Reineisenbänder vollständig.

- **Bandzählwerk.**
  Das elektronische Bandzählwerk hat eine vierstellige, digitale Anzeige mit Vorzeichenangabe und stellt sich automatisch auf die Nullstellung ein.

- **Auto-rec. Pause.**
  Selbsttätige Aufnahmeabschaltung bei 30 Sek. ohne Signal. Bei fehlendem Musiksignal – bei Wiedergabe – spult das Laufwerk nach ca. 20 Sek. das Band zum Ende vor.

- **Easy-Cueing.**
  Zur Mithörkontrolle beim schnellen Bandrangieren mit wahlweise um 1/3 oder 1/6 gegenüber dem Umspulen verringerter Geschwindigkeit.

- **Punch-In Recording.**
  Für Aufnahmestart bei laufendem Band, erlaubt kurze Reaktionszeiten.

- **Memory Stop/Play.**
  Automatisches Abstoppen aus dem Umspulen bei Zählerstand „0000" und Umschaltung auf Wiedergabe.

- **Auto Fader.**
  Für weiches Ein- und Ausblenden mit 2 Zeitkonstanten (2 oder 6 Sekunden).

- **Rec Mute.**
  Stummschaltung für kurzzeitige Aufnahme-Unterbrechungen.

- **MPX-Filter.**
  Zur Unterdrückung des UKW-Pilottons, bei Rundfunkaufnahmen zuschaltbar.

- **Subsonic-Filter.**
  Zur Unterdrückung tieffrequenter Störsignale, z. B. bei Phono-Aufnahmen, zuschaltbar.

- **LED-Spitzenwertanzeige.**
  Mit 20 Leuchtsegmenten je Kanal zur Auflösung eines Dynamikbereiches von 50 dB (– 40 dB bis + 10 dB). Im wichtigen Aussteuerungsbereich zwischen 0 und + 10 dB beträgt die Anzeigegenauigkeit sogar 1,2 dB je Segment.

- **Stereo-Kopfhörerbuchse.**
  Mit hoher Ausgangsleistung, auch für Kopfhörer mit hohem Innenwiderstand.

- **Stromversorgungsbuchse.**
  Für die Geräte der Nakamichi Black-Box-Serie.

- **Schaltuhrbetrieb.**
  Schaltuhrgesteuerte Aufnahme- und Wiedergabemöglichkeit.

- **Fernbedienung RM-20.**
  Als Sonderzubehör lieferbar.

## Technische Daten Dragon:

| | |
|---|---|
| Spurlage | 4 Spuren/2 Kanal-Stereo (mit automatischer Laufrichtungsumkehr bei Wiedergabe) |
| Tonköpfe | 3 (1 Löschkopf, 1 Aufnahmekopf, 1 Vierspur- 4 Kanal-Wiedergabekopf) |
| Bandlaufwerk/Motore | 2 quarzgenaue, phasengeregelte PLL-Gleichstrom-Halleffektmotoren mit superlinearem Drehmoment (kern-, bürsten- und kollektorlos) für Tonwellen-Direktantrieb, 1 Gleichstrom-Motor für Bandtransport, 1 Gleichstrom-Motor für N.A.A.C.-Azimuthkorrektur, 1 Gleichstrom-Motor für elektromechanische Steuerung der Laufwerksfunktionen |
| Netzanschluß | 100, 120, 120/220 – 240, 220 oder 240 V ~, 50 – 60 Hz (je nach Bestimmungsland) |
| Leistungsaufnahme | max. 45 Watt |
| Bandgeschwindigkeit | 4,8 cm/Sek. |
| Gleichlaufschwankungen | unter 0,019% (eff. bewertet)<br>unter 0,04% (Maximum, bewertet) |
| Frequenzgang | 20 – 22 000 Hz, ± 3 dB (Aufnahmepegel – 20 dB, ZX-Band),<br>20 – 21 000 Hz, ± 3 dB (Aufnahmepegel – 20 dB, SX- oder EX II-Band) |
| Fremdspannungsabstand | mit Dolby* C (Entzerrung < 70 µSek, ZX-Band) über 74 dB (400 Hz, Kges = 3%, IHF-A, bewertet, eff)<br>mit Dolby B (Entzerrung < 70 µSek, ZX-Band) über 66 dB (400 Hz, Kges = 3%, IHF-A, bewertet, eff) |
| Klirrfaktor | unter 0,8% (400 Hz, 0 dB, ZX-Band)<br>unter 1% (400 Hz, 0 dB, SX-, EX II-Band) |
| Löschdämpfung | über 60 dB (100 Hz, 0 dB) |
| Kanaltrennung | über 37 dB (1 kHz, 0 dB) |
| Übersprechdämpfung | über 60 dB (1 kHz, 0 dB) |
| Vormagnetisierungsfrequenz | 105 kHz |
| Eingang (hochpegelig) | 50 mV/50 kOhm |
| Ausgang (hochpegelig) | 1 V (400 Hz, 0 dB, Ausgangspegelregler in MAX-Stellung), 2,2 kOhm |
| Ausgang (Kopfhörer) | 45 mW (400 Hz, 0 dB, Ausgangspegelregler in MAX-Stellung), 8 Ohm |
| Black Box-Ausgang | ± 10 V Gleichspannung, max. 125 mA |
| Abmessungen (B x H x T) | 450 x 135 x 300 mm |
| Gewicht | 9,5 kg |

Technische Änderungen im Rahmen weiterer Verbesserungen ohne Vorankündigung jederzeit vorbehalten.

*Das Dolby-System dieses Gerätes wurde mit Lizenz der Dolby Laboratories Licensing Corporation gefertigt.
Dolby und Doppel-D-Symbol sind eingetragene, gesetzlich geschützte Markenzeichen der Dolby Laboratories Licensing Corporation.

DM 10 Entmagnetisierdrossel

SP 7 Stereo-Kopfhörer

Nakamichi Referenz-Cassetten

| ZX Metalloy Cassette Tape (70 µs, metal bias) ZX C-90 | SX Ferricobalt Cassette Tape (70 µs, CrO₂ bias) SX C-90 | EX II Ferricrystal Cassette Tape (120 µs, normal bias) EX II C-90) | EX Ferrixide Cassette Tape (120 µs, normal bias) EX C-90 |
|---|---|---|---|

Nakamichi

Nakamichi GmbH
Stephanienstrasse 6
4000 Düsseldorf 1
Tel. (02 11) 35 90 36
Tlx. 8 588 834 naka d

## Eine neue Epoche der Innovation: Dragon. Ein unerhörtes Erlebnis.

Höchstens ein- oder zweimal innerhalb eines Jahrzehnts gelingt ein wirklich bemerkenswerter „Durchbruch" auf dem Gebiet der Cassettenaufzeichnungs-Technologie: Nicht nur Detailverbesserungen, sondern ein grundlegender Einschnitt in der technologischen Innovation, die den Weg für zukünftige Entwicklungen freigibt.

Solche „Epochen" eröffnete Nakamichi schon mehrmals: Mit der Einführung des ersten Rauschunterdrückungssystems Dolby* B, bald gefolgt von Dolby* C. Mit der Einführung von Mikroprozessoren und dem SLT-Motor mit super-linearem Drehmoment, wodurch man das Problem der Gleichlaufschwankungen endgültig vergessen konnte. Nur ein Problem blieb, ein unerhört schwieriges sogar: Azimuthfehler beim Wiedergabekopf, die eine Austauschbarkeit der Bänder – oder die Wiedergabe beim Auto Reverse – in wirklich echter HiFi-Qualität verhinderten.

Die Lösung dieses Problems blieb diesem Jahrzehnt – und Nakamichi – vorbehalten: N.A.A.C. (Nakamichi Auto Azimuth Correction) im Nakamichi Dragon verwirklicht ein bisher unerhörtes Musikerlebnis – HiFi in Vollendung.

* Dolby ist das eingetragene Warenzeichen der Dolby Laboratories Inc.

Der Dragon ist Referenz-Recorder der Zeitschrift Stereoplay.

Nakamichi
HiFi-Zukunft
heute

# Nakamichi HiFi-Zukunft heute

## Das Programm. Die Technik. Die Musik.

In diesem Prospekt stellen wir Ihnen hochwertige Cassettendecks und ein geschlossenes Programm von HiFi-Bausteinen vor.
Jedes Gerät ist das Beispiel für ein technisch ausgereiftes Konzept, perfekt bis in das letzte Detail. Ausgestattet mit Top-Technik, die oft vollkommen neu ist und noch mehr dazu beiträgt, die Zukunft der Musikwiedergabe bereits heute erleben zu können.
Nakamichi-Geräte, ursprünglich in erster Linie für den professionellen Studiogebrauch entwickelt, für Menschen also, deren Beruf Kompromisse verbieten, finden mehr und mehr auch im Kreise der privaten HiFi-Kenner Verbreitung. Und das mit gutem Grund, denn ein geschultes Gehör kann sich nicht mit Klängen der Vergangenheit zufrieden geben.

Im Bereich der Cassetten-Wiedergabe ist es Nakamichi gelungen, die Aufnahme- und Wiedergabequalität auf das Niveau hochwertiger Spulentonbandgeräte zu heben. Die intensive Grundlagenforschung von Nakamichi hat die fast unlösbar scheinenden Probleme des schmalen Cassettenbandes gelöst. Hochpräzise Bandlaufwerke, hochentwickelte elektronische Schaltungen, besondere Magnetköpfe sowie weitere bedeutende neuartige Entwicklungen garantieren High Fidelity auch bei Compact-Cassetten.
Vergleichbare Top-Technik ist auch bei Nakamichi-Verstärkern und -Tunern zu finden.
Dazu kommt die Ästhetik und Logik des Designs. Sichtbarer Ausdruck der Technik. Ganz besonders deutlich bei den des System One, der geschlossenen Reihe der Nakamichi HiFi-Bausteine.

Wenn Sie sich mit den hier vorgestellten Geräten vertraut gemacht haben, werden Sie sie prüfen wollen, denn Worte können nur beschreiben und erklären, aber kein Erlebnis vermitteln. Das kann nur in der Praxis geschehen. Und die Praxis ist dort, wo Ihnen zusätzlich zum Kennenlernen der Nakamichi-Geräte fundierte Beratung und zuverlässiger Service garantiert werden: beim Fachhandel.
Nur dort ist der Spezialist, der dem anspruchsvollen Niveau der Nakamichi-Geräte gerecht wird.

**Nakamichi-Geräte werden nur von einem Kreis ausgewählter Fachhändler angeboten. Einer davon ist bestimmt auch in Ihrer Nähe.**

# Nakamichi 350

HiFi-Stereo-Cassettendeck

# Das vielseitige HiFi-Cassettendeck. Ideal für stationäre Heim-Anlagen. Zum Betrieb im Fahrzeug oder im netzunabhängigen Einsatz.

Dieses Cassettentonbandgerät bietet durch die schon sprichwörtliche hohe Nakamichi-Technik und seine Vielseitigkeit unbegrenzte Einsatzmöglichkeiten: Ob als Ergänzung für die häusliche HiFi-Anlage, zur erstklassigen Stereo-Wiedergabe im Fahrzeug oder als netzunabhängiges Aufnahme- und Wiedergabegerät. Die Stromversorgung ist in jedem Fall entsprechend der Betriebsart: mit Netzteil, 12 V-Autobatterie oder dem in die Tragetasche einsetzbaren Akku.

**FOCUSED FIELD-Tonkopf**
Die Vorteile dieses Tonkopfes, der die Aufnahme- und Wiedergabequalität erheblich verbessert, sind auf Seite 7 ausführlich beschrieben.

**Aussteuerungs-Anzeige**
Das Nakamichi 350 ist mit einem Spitzenwert-Anzeigeinstrument ausgestattet, dessen Dynamikbereich 35 dB umfaßt. Dieses Instrument zeigt bei Stereo-Aufnahmen automatisch die Signale des Kanals an, in dem die größere Amplitude vorhanden ist. Durch die geringe Dämpfung ist die genaue Aussteuerung des Aufnahmepegels gewährleistet.

**Dolby-System®**
Dieses Rauschunterdrückungssystem reduziert das Bandrauschen um ca. 10 dB.

**DC Servomotor**
Hohe Gleichlaufkonstanz und Unabhängigkeit von Schwankungen der Netzspannung oder -frequenz sind die Merkmale dieses durch Tachogenerator geregelten Gleichstrommotors.

**Bandanpassung**
Die optimale Geräteanpassung (Vormagnetisierung und Entzerrung) an verschiedene Bandarten ist durch eine zweistufige Schaltung (SX, EX) gewährleistet.

**Drei Mikrofon-Anschlüsse**
Zusätzlich zu den üblichen zwei Mikrofon-Anschlüssen (links-rechts) kann ein weiteres Mikrofon eingeblendet werden. Alle Mikrofon-Eingangspegel sind getrennt regelbar.

**Kopfhörer**
Der Anschluß von dynamischen Kopfhörern mit hohem Wirkungsgrad erlaubt gute Mithörmöglichkeit, ohne die Batterieleistung stark zu beanspruchen. Pro Kanal stehen 2 mW an 8 Ohm bei 0 dB zur Verfügung.

**Automatische Endabschaltung**
Am Ende des Cassettenbandes schaltet sich das Gerät automatisch auf „Stop". Dabei wird die Versorgungsspannung ausgeschaltet und die Andruckrolle des Antriebs abgehoben. Die automatische Abschaltung wird auch wirksam, wenn die Stromzufuhr unterbrochen wird.

**Einbauhalterung**
Zum Einbau des Nakamichi 350 in ein Fahrzeug dient eine zum Lieferumfang gehörende Autohalterung, die so konstruiert ist, daß das Gerät leicht herausgenommen und wieder eingesetzt werden kann.

**Tragetasche CC2**
Wenn das Nakamichi 350 als netzunabhängiges Reportergerät eingesetzt werden soll, ist diese hochwertige, stabile Tragetasche zu empfehlen. In die

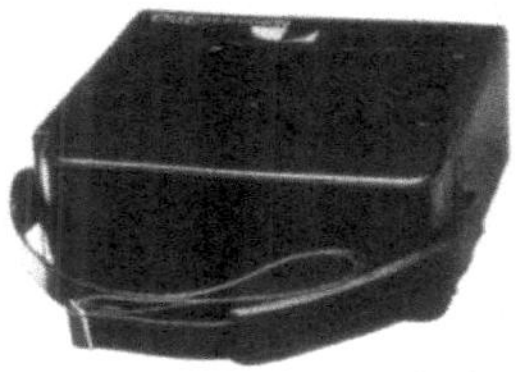

Tasche kann eine wiederaufladbare 12 V-Bleibatterie eingesetzt werden. Eine elektrische Schaltung innerhalb der Tasche ermöglicht das Aufladen mit dem zum Gerät gehörenden Netzteil am Stromnetz. 12 Stunden Aufladedauer ergeben bis zu 6 Stunden Aufnahme „am laufenden Band". Bei Betrieb mit Unterbrechungen steigt die Aufnahmezeit. Gewicht der Tragetasche mit Batterie 2 kg. Als Sonderzubehör erhältlich. Ebenso ist zusätzlich der Entmagnetisierer DM 10 lieferbar.

Ausführliche technische Daten auf Seite 14/15.

# Nakamichi 550

## HiFi-Stereo-Cassettendeck

# Netzunabhängig und dennoch Studio-Qualität. Der „Reporter" von Nakamichi. Unvergleichlich in der Beweglichkeit und Leistung.

Das Modell Nakamichi 550 ist das Ergebnis der Fortschritte in der Nakamichi Cassetten-Technologie. Dieses Gerät bringt unabhängig vom Stromnetz Reportagen und Live-Mitschnitte in Studio-Qualität. Der von Nakamichi entwickelte FOCUSED FIELD-Tonkopf hat diese Entwicklungen ermöglicht. Mit ihm ist die bessere Wiedergabe hoher Frequenzen und ein extrem guter Geräuschabstand erreicht. Zusätzlich zur eingebauten Batteriespeisung kann der Nakamichi 550 auch an eine 12 V-Autobatterie oder an andere 12 V-Stromquellen angeschlossen werden.

Die professionellen Aussteuerungsinstrumente unterstützen durch ihren großen Bereich – 50 dB – die optimale Aussteuerung von Dynamikspitzen und sind besonders wertvoll bei Konzert-Mitschnitten.

## FOCUSED FIELD-Tonkopf

Die Abbildung zeigt, wie das magnetische Feld während der Aufnahme das Band durchdringt. Dabei ist zu sehen, daß nicht allein der Kopfspalt die Qualität einer Aufnahme bestimmt, sondern daß die Bündelungsart des magnetischen Flusses ebenso entscheidend ist. Aus der Abbildung geht hervor, wie unterschiedlich die sogenannte „kritische Zone" bei einem herkömmlichen Kopf im Vergleich zum Nakamichi FOCUSED FIELD-Kopf ist. Die

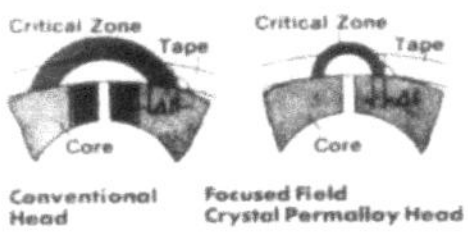


Nakamichi-Kurve ist wesentlich schärfer und die Berührungsfläche zum Band äußerst klein. Durch diesen Tonkopf werden magnetische Verzerrungen und Höhenverluste vermieden, die bei bisher üblichen Köpfen auftreten.

Auch bei der Wiedergabe werden die Vorteile des FOCUSED FIELD-Kopfes sichtbar.

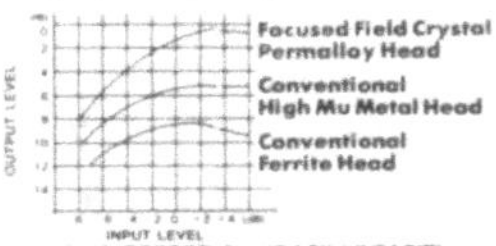


10KHz RECORD/PLAYBACK LINEARITY

## Aussteuerung

Besonders wertvoll bei Konzert-Mitschnitten mit plötzlich auftretenden Dynamikspitzen sind die bei Nakamichi eingesetzten Spitzenwertinstrumente, deren Meßbereich von +5 bis –45 dB reicht. Sie garantieren höchste Genauigkeit der Aufnahme durch schnelles Ansprechen (120 ms) und langsames Abklingen.

Zusätzlich zeigt das Instrument des rechten Kanals die Batteriespannung an, während das linke die abgelaufene Bandlänge während der Aufnahme oder Wiedergabe anzeigt.

Im Bedarfsfall können die Instrumente durch Tastendruck beleuchtet werden.

## Dolby-System®

Das Rauschen, eines der Hauptprobleme des Cassettenbandes, wird durch dieses System auf ein Minimum reduziert. Der Geräuschspannungsabstand wird im oberen Frequenzbereich um bis zu 10 dB verbessert.

Im Zusammenhang mit dem Dolby-System sorgt beim Nakamichi 550 zusätzlich ein eingebauter 400 Hz Testton-Generator für optimale Anpassung an die jeweilige Bandsorte.

Durch dieses Verfahren ergibt sich ein Geräuschabstand von mehr als 60 dB.

## Drei Mikrofon-Eingänge

Zusätzlich zu den üblichen Anschlußmöglichkeiten (links-rechts) kann ein weiteres Mikrofon eingeblendet werden. Die Mikrofon-Eingänge sind getrennt regelbar und garantieren professionelle Mischmöglichkeiten.

## Pegelbegrenzer

Außer der individuellen Pegelaussteuerung besitzt der Nakamichi 550 einen einschaltbaren Pegelbegrenzer (Limiter).

## Kopfhörer

Die Kontrolle während der Aufnahme oder das nachfolgende Abhören ist durch einen Kopfhörer-Anschluß (8 Ohm) mit eigenem Verstärker und Lautstärkeregelung möglich.

## DC Servomotor

Ein spezieller durch einen Tachogenerator geregelter DC Servomotor gewährleistet, unabhängig von Schwankungen der Batterie- oder Netzspannung, hohe Gleichlaufkonstanz.

## Spannungsstabilisator

Ein besonderer DC-DC-Stabilisator sorgt für konstante Spannung von 12 V, auch wenn die angeschlossene Speisespannung niedriger oder höher (7 bis 14 V) ist.

## Programing Timer

Das dreistellige Bandzählwerk kann auf eine bestimmte Aufnahmedauer eingestellt werden. Nach Ablauf dieser Zeit leuchtet eine mit „Tape Alarm" bezeichnete Blinklampe auf.

## Weitere Merkmale

Anschlußfähig an stationäre HiFi-Anlagen.
Aufnahmedauer mit 8 x 1,5 V Monozellen: bis 15 Stunden.
Automatische Endabschaltung.
Abschaltbares Multiplex-Filter.

## Zubehör

Bedienungsanleitung, Trageriemen, 12 V-Netzteil, Reinigungsset, Cassette C 60 EX, Autobatterie-Anschlußkabel, Schutzhülle, Cinch-Verbindungsleitungen.

## Sonderzubehör

Tragetasche CC 1.
Entmagnetisierer DM 10.

Ausführliche technische Daten auf Seite 14/15.

# Nakamichi 500

## HiFi-Stereo-Cassettendeck

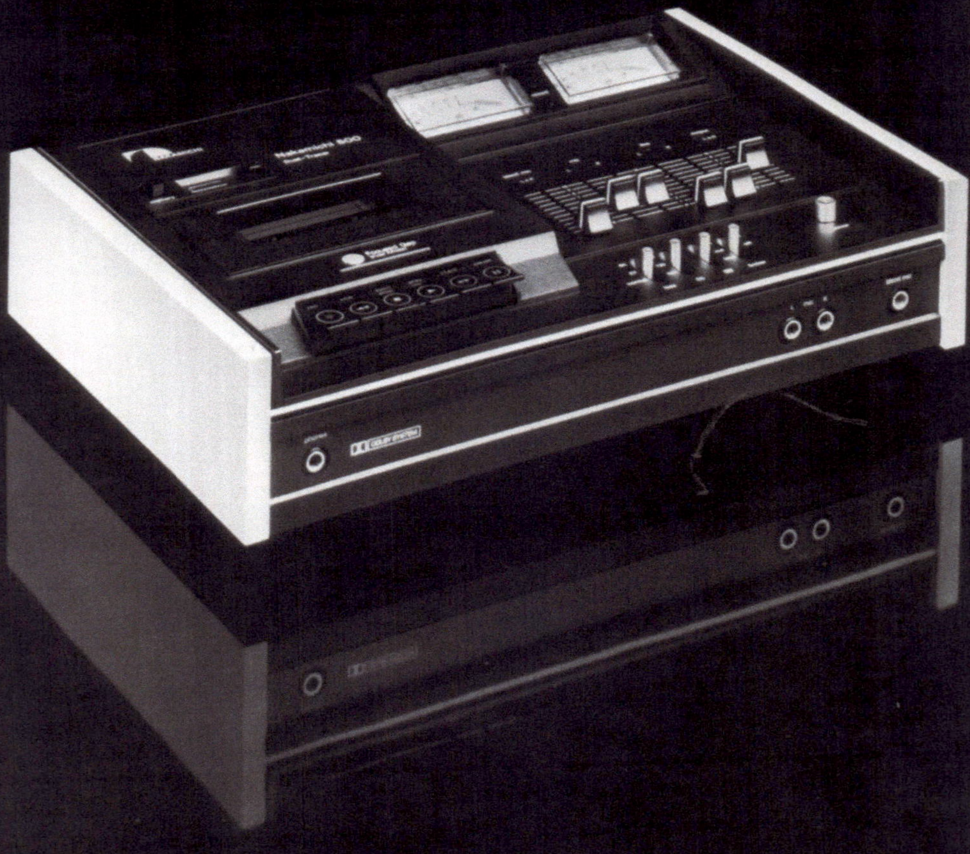

# Das Cassettendeck, das wirklich High Fidelity bietet. Die echte Alternative für jede Heim-Studio-Anlage.

Das HiFi-Cassettendeck Nakamichi 500 ist zwar das kleinste Cassettendeck von Nakamichi, aber hinsichlich seiner Qualität ein Ebenbild der großen Nakamichi-Geräte.
Ebenso wie im Nakamichi 550 ist auch hier der besondere FOCUSED FIELD-Tonkopf eingebaut, der erheblich verbesserte Aufnahme- und Wiedergabequalität verspricht. Der dafür sorgt, daß der Begriff „High Fidelity" nicht nur ein Schlagwort ist.

## FOCUSED FIELD-Tonkopf

Die Vorteile dieses Tonkopfes, die erheblichen Verbesserungen der Aufnahme und Wiedergabe, sind auf Seite 7 ausführlich erläutert.

## DC Servomotor

Ein durch Tachogenerator geregelter DC Servomotor sichert unabhängig von Schwankungen der Netzspannung oder -frequenz höchste Gleichlaufkonstanz.

## Dolby-System®

Ebenso wie das Nakamichi 550 ist auch dieses Cassettendeck mit dem Dolby-System zur Rauschunterdrückung und einem 400 Hz Testton-Generator zur optimalen Bandanpassung ausgerüstet.

## Bandanpassung

Unterschiedliche Bandsorten (SX, EX, Normal) erfordern individuelle Anpassung. Zwei dreistufige Schalter zur Vormagnetisierung (Bias) und Entzerrung (EQ) gewährleisten die optimale Geräteanpassung an die verschiedenen Bandsorten.

## Aussteuerung

Die Spitzenwertinstrumente des Nakamichi 500 gestatten durch ihren großen Bereich von –40 dB bis +5 dB professionelle Aufnahme-Aussteuerung.

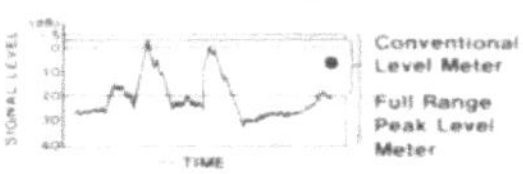


## Spitzenbegrenzer (Limiter)

Wenn die Aufnahme-Aussteuerung nicht ständig überwacht werden kann, ist die Einschaltung eines automatischen Spitzenbegrenzers möglich. Er dämpft alle auftretenden Dynamikspitzen von mehr als 0 dB.

## Stereo-Mischpult

Die Aussteuerung der Mikrofon- und Line-Eingänge erfolgt durch übersichtliche, praxisgerechte Flachbahnregelung.

## Drei Mikrofon-Eingänge

Zusätzlich zu den Stereo-Eingängen (links-rechts) kann ein weiteres Mikrofon eingeblendet werden.

## Ausgangspegel

Die Regelung des Ausgangspegels kann unabhängig von der Einstellung des angeschlossenen Verstärkers vorgenommen werden. Gleichzeitig ist der Ausgangspegelregler der Lautstärkeregler für Betrieb mit Kopfhörern.

## Bandzählwerk mit Memory-Schaltung

Diese Schaltung dient zum mühelosen Auffinden bestimmter Aufnahmen innerhalb einer Cassette. Nach Einschaltung der Memory-Taste erfolgt der automatische Bandstop bei der Zählwerkanzeige „000".

## Weitere Merkmale

Automatische Endabschaltung.
Abschaltbares Multiplex-Filter.
Leuchtanzeige bei „Aufnahme" und „Dolby".
Ein- und Ausgangsbuchsen nach deutscher und amerikanischer Norm.

## Zubehör

Bedienungsanleitung,
Reinigungsset,
Cassette C 60 EX,
Cinch-Verbindungsleitungen.

## Sonderzubehör

Entmagnetisierer DM 10.

Ausführliche technische Daten auf Seite 14/15.

Nakamichi 700

HiFi-Stereo-Cassettendeck

# Die Steigerung zur Perfektion in der Cassetten-Technik. Nakamichi „Tri Tracer".

„Tri Tracer" ist der Begriff für eine Generation von 3-Kopf-Cassettentonbandgeräten, die hinsichtlich ihrer technischen Eigenschaften (z. B. Frequenzbereich, Dynamikumfang, Gleichlauf, Geräuschspannungsabstand) und ihrer Mechanik unübertroffen sind.
Das Nakamichi 700 besitzt getrennte Köpfe für Löschen, Aufnahme und Wiedergabe in Verbindung mit getrennten Aufnahme- und Wiedergabeverstärkern. Damit ist die ständige Hinterbandkontrolle während der Aufnahme möglich und ein geradliniger Frequenzgang bis 20.000 Hz gewährleistet.
Der Aufnahmekopf besteht aus hochpermeablem Ferrit mit einem 5μ-Spalt. Dieser Kopf garantiert eine einwandfreie Magnetisierung über die gesamte Schichttiefe des Magnetbandes.
Der Wiedergabekopf besteht aus einer hochpermeablen Speziallegierung von äußerster Härte. Eine Titan-Spalteinlage bildet einen ultraengen Spalt von 0,7 μ.

## Band-Laufwerk

Ein Doppel-Capstan-Antrieb mit großen, ausgewuchteten Schwungmassen garantiert den konstanten Bandzug im Bereich der drei Köpfe mit einem Minimum an Gleichlaufschwankungen.
Ein Gleichstrommotor mit Fotoimpulsgenerator hält die Bandgeschwindigkeit konstant, unabhängig von Schwankungen der Netzspannung oder -frequenz.

## Steckkarten-System

Sämtliche elektronischen Schaltungen sind auf sechs Modulen untergebracht, die auf einer Platine nach dem Steckkarten-System, ohne störende Leitungen und sehr servicefreundlich, aufgebaut sind.

## Justierung

Die genaue Justierung des Aufnahmekopfes verhindert Höhenverluste und Phasenverschiebungen, die durch die verschiedenen mechanischen Eigenschaften unterschiedlicher Cassettentypen entstehen können. Eine einfach zu handhabende neuartige Justier-Einrichtung beim Nakamichi 700 zeigt über zwei Leuchtdioden durch alternierendes Flackern die genaue Einstellung des Aufnahmekopfes an.

## Bandanpassung

Eine spezielle Schaltung sichert die Anpassung an verschiedene Bandarten (SX, EX).

## Dolby-System®

Wie alle Nakamichi-Geräte besitzt auch das Nakamichi 700 zur Verbesserung des Bandrauschens das Dolby-System. Die optimale Geräuschunterdrückung ist durch eine individuelle Aufnahme-Kalibrierung der verschiedenen Bandsorten und eine 400 Hz Testton-Kontrolle gewährleistet.

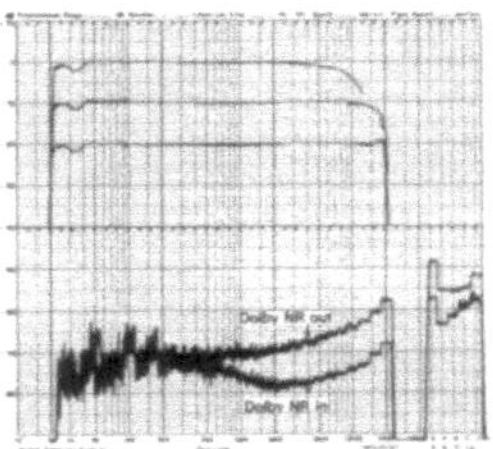


Frequenzgang
Rauschpegel
Bandtyp: Nakamichi SX
0 dB = 200 nW/m
Klirrfaktor = 1,2 % (1 kHz 0 dB)

## IC-Logik-Schaltung

Jede Laufwerksfunktion ist relaisgesteuert. Die Betätigung erfolgt über Sensorfelder. Eine mit IC's (integrierte Schaltkreise) aufgebaute Logikschaltung steuert den zeitlichen Funktionsablauf. Dabei werden sämtliche Schaltgeräusche in der Bandaufnahme vermieden. Eine Leuchtanzeige im entsprechenden Sensorfeld signalisiert die jeweilige Funktion.
Weitere Funktionen:
Memory-Schaltung zum mühelosen Auffinden bestimmter Bandstellen, Zählwerk, automatische Bandendabschaltung und Aufnahmesperre.

## Drei Mikrofon-Eingänge

Bei allen Aufnahmen kann zusätzlich zu den Stereo-Mikrofonen (links-rechts) ein weiteres Mikrofon eingeblendet werden.

## Aussteuerung

Der ungewöhnlich große Frequenzbereich des Nakamichi 700 erfordert Spitzenwert-Anzeigeinstrumente mit einem Anzeigebereich von 45 dB. Durch die schnelle Ansprache und das langsame Zurückgehen der Anzeige können Übersteuerungen sofort erkannt und vermieden werden.
Für Gelegenheiten, bei denen es nicht immer möglich sein kann die Aussteuerung zu überwachen, kann ein automatisch arbeitender Spitzenbegrenzer (Limiter) eingeschaltet werden.

## Feinregulierung

Diese Einrichtung ermöglicht die Veränderung der Laufgeschwindigkeit in einem Bereich von ± 6 %.

## Weitere Merkmale

Pneumatisch gedämpfte Steuerung von Tonkopfschlitten und Cassettenschacht.
Kopfhöreranschluß an der Frontplatte.
Ein- und Ausgangsbuchsen nach deutscher und amerikanischer Norm.

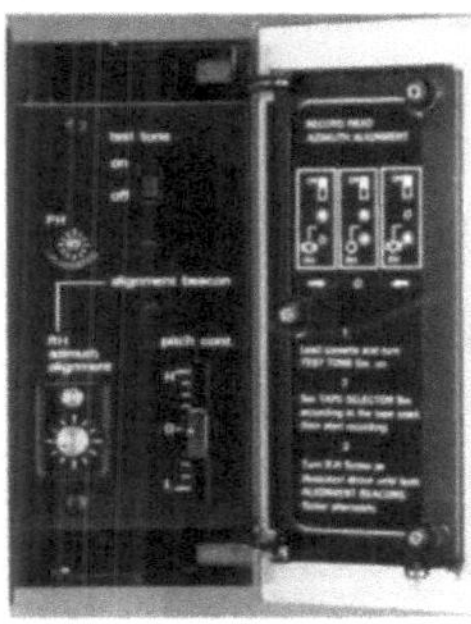


Kalibriereinrichtungen des Nakamichi 700

## Zubehör

Bedienungsanleitung,
Unbespielte Cassette C 60 EX,
Unbespielte Cassette C 60 SX,
Reinigungsset,
Überspielleitungen.

## Sonderzubehör

Sensor-Fernbedienung RM 10.
Entmagnetisierer DM 10.

Ausführliche technische Daten auf Seite 14/15.

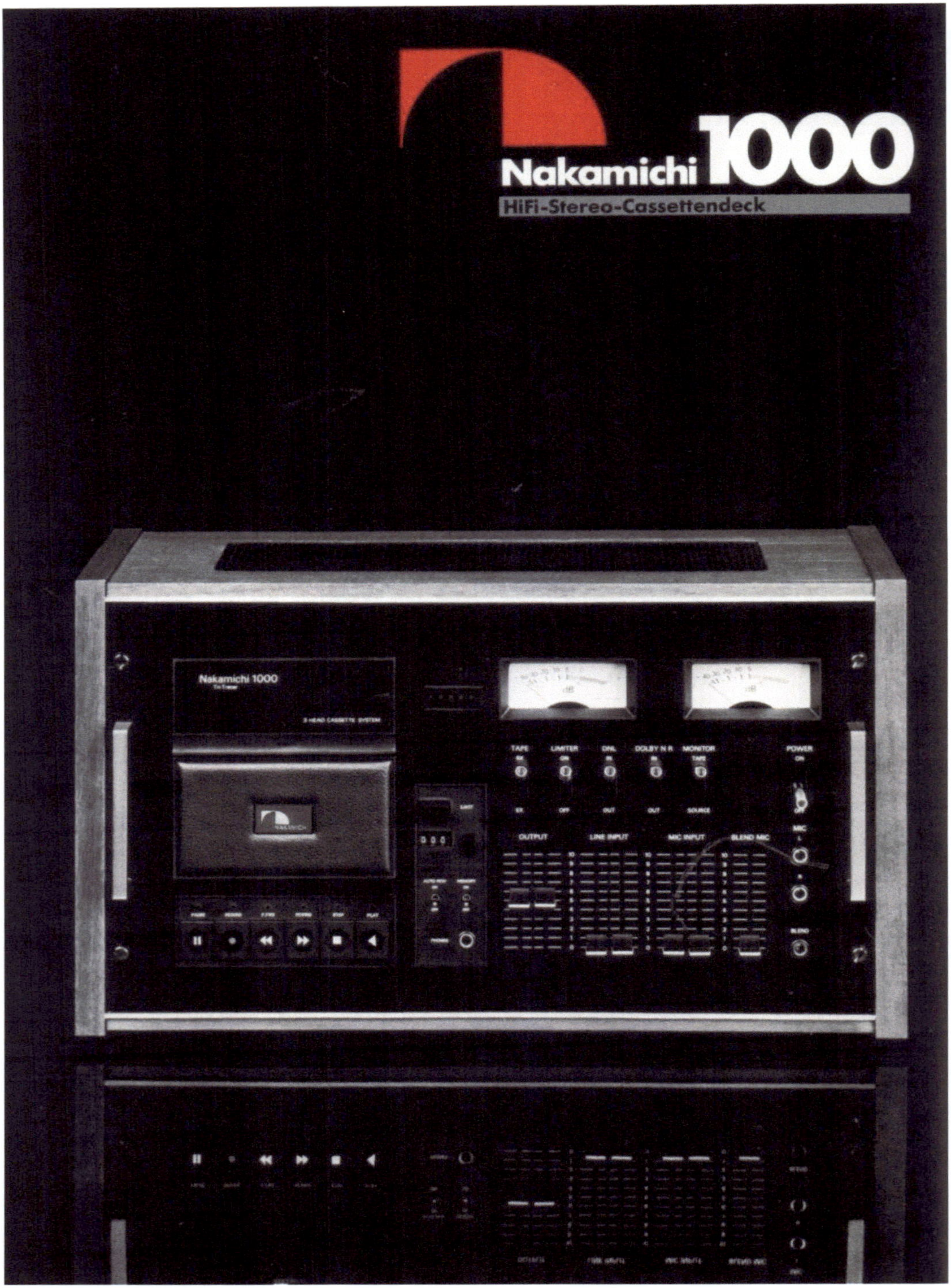
Nakamichi 1000
HiFi-Stereo-Cassettendeck
Nakamichi 1000
TAPE
LIMITER
DNL
DOLBY N R
MONITOR
POWER
OUTPUT
LINE INPUT
MIC INPUT
BLEND MIC

# Das „non plus ultra" für HiFi-Kenner. Ein in jeder Beziehung unvergleichliches Cassettentonbandgerät mit 3-Kopf-System.

In Technik und Design stellt das Cassettentonbandgerät Nakamichi 1000 die High Fidelity der Zukunft vor. In diesem Gerät ist das Äußerste verwirklicht worden, was auf dem Gebiet der Aufnahme und Wiedergabe mit Compact-Cassetten möglich ist. Der bereits weit verbreitete Einsatz in der professionellen Tonstudiotechnik (Aufnahmestudios, Rundfunksender, Schallplatten- und Cassettenindustrie) und bei privaten HiFi-Kennern beweist, daß das Nakamichi 1000 eine echte Alternative zu hochwertigsten Spulentonbandgeräten ist.

## 3-Kopf-System

Drei getrennte Köpfe für Löschen, Aufnahme und Wiedergabe in Verbindung mit getrennten Aufnahme- und Wiedergabeverstärkern ermöglichen die ständige Hinterbandkontrolle während der Aufnahme und gewährleisten einen geradlinigen Frequenzgang bis 20.000 Hz. Der Aufnahmekopf besteht aus hochpermeablem Ferrit mit einem 5µ-Spalt. Dieser Kopf garantiert einwandfreie Magnetisierung des Magnetbandes über die gesamte Schichttiefe. Der Wiedergabekopf besteht aus einer hochpermeablen Speziallegierung von äußerster Härte. Eine Titan-Spalteinlage ermöglicht die Herstellung eines ultraengen Spaltes von 0,7 µ.

## Bandzug und -geschwindigkeit

Ein Doppel-Capstan-Anstrieb mit großen, ausgewuchteten Schwungmassen garantiert den konstanten Bandzug im Bereich der drei Köpfe mit einem Minimum an Gleichlaufschwankungen. Ein durch Foto-Impulsgenerator geregelter Gleichstrommotor hält die Bandgeschwindigkeit konstant, unabhängig von Schwankungen der Netzfrequenz und -spannung.

## Justierung

Wie beim Nakamichi 700 ist auch beim Nakamichi 1000 eine einfach zu handhabende Aufnahmekopf-Justierung eingebaut, um Höhenverluste und Phasenverschiebungen zu vermeiden, die durch Abweichungen der mechanischen Eigenschaften der Bänder oder Cassettentypen auftreten können.

## Zwei Systeme zur Rauschunterdrückung

Zusätzlich zum Dolby®-System besitzt das Nakamichi 1000 ein weiteres Rauschunterdrückungssystem – DNL. Bei gleichzeitiger Benutzung beider Systeme kann der Rauschpegel bei der Wiedergabe um mehr als 13 dB verbessert werden.

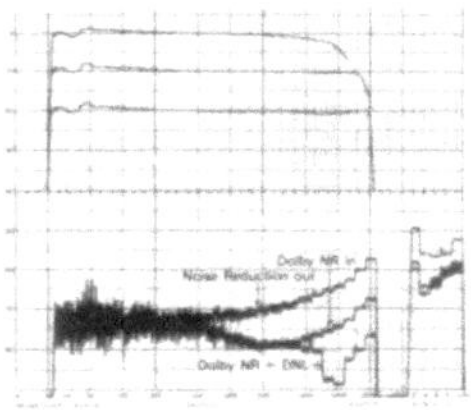


Frequenzgang — Bandtyp Nakamichi SX
Rauschpegel — 0 dB = 200 nW/m
Klirrfaktor = 1,2 % (1 kHz 0 dB)

## 400 Hz Testton

Die absolut genaue Justierung des Aufnahmekopfes sowie die Anpassung verschiedener Bandarten ist durch einen eingebauten 400 Hz Testton-Generator gewährleistet.

## Bandanpassung

Ein spezieller Bandanpassungsschalter erlaubt die optimale Geräteanpassung (Vormagnetisierung und Entzerrung) an die Bandsorten SX und EX ($CrO_2$ und Fe).

## Aussteuerung

Die Instrumentenanzeige hat den bei Nakamichi üblichen großen Dynamik-Bereich von 45 dB, der bessere Möglichkeiten und damit ein wahrheitsgetreueres Aufnahmeergebnis garantiert. Zusätzlich kann ein automatisch arbeitender Spitzenbegrenzer (Limiter) eingeschaltet werden.

## IC-Logik-Schaltung

Alle Laufwerksfunktionen sind relaisgesteuert. Die Auslösung erfolgt über Sensorfelder. Eine mit IC's aufgebaute Logik-Schaltung steuert den zeitlichen Funktionsablauf. Dabei werden alle Schaltgeräusche in der Bandaufnahme vermieden. Die jeweilige Funktion wird durch ein Lämpchen angezeigt, das in dem entsprechenden Sensorfeld integriert ist.
Weitere Funktionen:
Zählwerk mit Memory-Taste.
Automatische Endabschaltung.
Aufnahmesperre.

## Feinregulierung der Geschwindigkeit

Die Korrektur der Geschwindigkeit oder die bewußte Tempoveränderung eines Musikstückes ist durch eine Geschwindigkeitsfeinregulierung möglich, die einen Regelbereich von ± 6 % umfaßt.

## Drei Mikrofon-Eingänge

Zusätzlich zu den Standardanschlüssen für zwei Mikrofone (links-rechts) kann ein weiteres Mikrofon eingeblendet werden und ist unabhängig von den Regelmöglichkeiten der anderen Mikrofone aussteuerbar.

## Bedienung

Alle Ein- und Ausgangspegel sind durch großzügige, praxisgerechte Anordnung der Flachbahn-Präzisionsregler auszusteuern.

## Weitere Merkmale

Automatische Rückspuleinrichtung (abschaltbar).
Kopfhöreranschluß an der Frontplatte.
Pneumatisch gedämpfte Steuerung von Tonkopfschlitten und Cassettenschacht.
Beleuchtete Laufanzeige bei Inbetriebnahme.
Ein- und Ausgangsbuchsen nach deutscher und amerikanischer Norm.

## Zubehör

Luxusetui mit Bedienungsanleitung, individuellem Meß- und Datenblatt,
unbespielte Cassette C 60 EX,
unbespielte Cassette C 60 SX,
Kontroll-Spiegel-Cassette,
Überspielleitungen,
Reinigungsset.

## Sonderzubehör

Sensor-Fernbedienung RM 10.
Entmagnetisierer DM 10.

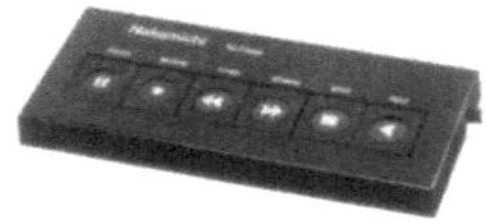

Sensor-Fernbedienung RM 10. Ebenfalls geeignet für Nakamichi 700.

Ausführliche technische Daten auf Seite 14/15.

## Nakamichi HiFi-Stereo-Cassettendecks

| | | 350 | 550 | 500 |
|---|---|---|---|---|
| 3-Kopf-System | | – | – | – |
| Hinterbandkontrolle | | – | – | – |
| getrennte Aufnahme- und Wiedergabeverstärker | | – | – | – |
| Dolby-System | | ● | ● | ● |
| getrennte Dolby-Systeme für Aufnahme und Wiedergabe | | – | – | – |
| DNL-System | | – | – | – |
| Frequenzbereich (Hz) | $CrO_2$-Band | 40-15 000 | 20-16 000 | 20-16 000 |
| Geräuschspannungs-abstand (dB) | $CrO_2$ mit Dolby | >58 | >58 | >58 |
| Klirrfaktor (%) | $CrO_2$ ohne Dolby | <2 | <2 | <2 |
| Übersprechdämpfung (Stereo) 1 kHz (dB) | | >35 | >35 | >35 |
| Löschdämpfung (dB) | | >60 | 70 | 70 |
| Spitzenwertanzeige | | ● | ● | ● |
| Limiter | | – | ● | ● |
| Tonträger | | Compact-Cassetten C 60, C 90, C 120 | | |
| Bandartenwahlschalter | | ● | ● | ● |
| Wiedergabeentzerrung (µs) | Low Noise-Band<br>$CrO_2$-Band | 3180 120<br>70 | 3180 120<br>70 | 3180 120<br>70 |
| Aufnahmeverfahren/Spuren | | Stereo / 4 | Stereo / 4 | Stereo / 4 |
| Bandgeschwindigkeit (cm/s) | | 4,76 | 4,76 | 4,76 |
| Geschwindigkeitsfeinregulierung (%) | | – | – | – |
| Elektronisch geregelter Gleichstrommotor | | Tachogenerator | Tachogenerator | Tachogenerator |
| Gleichlaufschwankungen (%) | | <0,13 | 0,12 | 0,12 |
| Doppel-Capstan | | – | – | – |
| Separater Wickelmotor | | – | – | – |
| Zählwerk | | ● | ● | ● |
| Zählwerk mit Memory-Schalter | | – | ● Programing Timer | ● |
| Autom. Rückspulen (abschaltbar) | | – | – | – |
| Sensortasten mit Leuchtanzeige | | – | – | – |
| Fernbedienung (Sonderzubehör) | | – | – | – |
| Eingang für Einblendmikrofon | | ● | ● | ● |
| Eingangsempfindlichkeit | Radio (mV/kOhm)<br>Line (mV/kOhm)<br>Mikrofon (mV/Ohm) | –<br>50/60<br>0,2/600 | 25/47<br>70/150<br>0,2/600 | 13/25<br>70/150<br>0,2/600 |
| Kopfhörerausgang (regelbar) | | – | ● | ● |
| Stromversorgung | | 12 V =<br>und 220 V/50 Hz<br>über mitgeliefertes Netzteil | 12 V =<br>und 220 V/50 Hz<br>über mitgeliefertes Netzteil | 110, 117, 220, 240 V<br>~ 50/60 Hz |
| Leistungsaufnahme (Watt) | | 5 | 15 | 40 |
| Gewicht (kg) | | 3 | 5,1 (ohne Batterien) | 7 |
| Gehäuse | | schwarz | schwarz | Nußbaum furniert, schwarz oder weiß |
| Maße B x H x T (cm) | | 18,5 x 9 x 24,2 | 31 x 9 x 35 | 38 x 11,5 x 25,5 |

● vorhanden – nicht vorhanden

| 700 | 1000 | 600 |
|---|---|---|
| ● | ● | – |
| ● | ● | – |
| ● | ● | – |
| ● | ● | ● |
| ● | ● | – |
| – | ● | – |
| 20-20 000 | 20-20 000 | 20-18 000 |
| >60 | >60 | >60 |
| <1,5 | <1,5 | <1,5 |
| >35 | >35 | >35 |
| 70 | 70 | 70 |
| ● | ● | ● |
| ● | ● | – |
| ● | ● | ● |
| 3180 120/70 | 3180 120/70 | 3180 120/70 |
| Stereo / 4 | Stereo / 4 | Stereo / 4 |
| 4,76 | 4,76 | 4,76 |
| ±6 | ±6 | – |
| Foto-Impulsgenerator | Foto-Impulsgenerator | Tachogenerator |
| 0,10 | <0,10 | <0,12 |
| ● | ● | – |
| ● | ● | – |
| ● | ● | ● |
| ● | ● | ● |
| – | ● | – |
| ● | ● | – |
| ● | ● | – |
| ● | ● | – |
| 25/26<br>100/100<br>0,5/600 | 10/27<br>100/100<br>0,5/600 | –<br>60/50<br>– |
| ● | ● | – |
| 110, 117, 220, 240 V<br>~ 50/60 Hz | 110, 117, 220, 240 V<br>~ 50/60 Hz | 110, 117, 220, 240 V<br>~ 50/60 Hz |
| 60 | 60 | 15 |
| 12,7 | 17,7 | 6,5 |
| Nußbaum furniert,<br>Front mattsilber | Nußbaum furniert,<br>Front schwarz | schwarz,<br>mattsilber |
| 52 x 29 x 15 | 51,5 x 30,5 x 24 | 40 x 17 x 23,7 |

### Entmagnetisierer DM 10

Dieser als Sonderzubehör lieferbare Entmagnetisierer gewährleistet durch die besondere Form des Polschuhs bei allen Cassetten-Tonbandgeräten die leichte Erreichbarkeit der Köpfe, der Bandführungen und des Capstan.
Der Netzschalter befindet sich im Handgriff.

SYSTEM-ONE

# Nakamichi SYSTEM ONE

Die auf den folgenden Seiten vorgestellten HiFi-Geräte der Serie 400 und 600 erlauben den individuellen Wunsch nach Flexibilität und optimaler Handhabung. HiFi-Bausteine dieser Art setzen neue Maßstäbe im Bereich der Aufnahme und Wiedergabe.

In logischer Konsequenz hat Nakamichi eine Einbaumöglichkeit geschaffen, die dem Standard der Geräte entspricht und Bedienungsmöglichkeiten bietet, die bisher ohne Beispiel sind.
Dieses Einbausystem – SYSTEM ONE – gewährleistet die Kombination von Nakamichi HiFi-Bausteinen für jeden Anspruch.
Als Grundelement gehört zu diesem System eine Zeitschaltuhr mit digitaler LED-Zeitanzeige.
Mit dieser Schaltuhr kann die eingebaute Anlage zu einer vorgewählten Zeit ein- oder ausgeschaltet werden.
Außerdem ist ein zentraler Netzschalter, der unabhängig von der Schaltuhr arbeitet, vorhanden.

Das Einbaugestell hat die Maße B x H x T (cm): 46 x 124 x 55.
Es wiegt mit eingebauter Digital-Schaltuhr 19 kg.

# Nakamichi 600

**HiFi-Stereo-Cassettendeck**

# Nakamichi hat die Vorurteile über HiFi-Cassettendecks abgebaut und neue Richtlinien geschaffen. Dieses HiFi-Cassettendeck ist ein weiterer Beweis: Frequenzgang bis 18.000 Hz ± 3 dB. Geräuschspannungsabstand größer als 60 dB.

Wie alle Nakamichi-Cassettentonbandgeräte bietet auch das Nakamichi 600 einen Qualitätsstandard, der mit Spulentonbandgeräten gleichzusetzen ist. Dieses Gerät ist der Grundbaustein für ein HiFi-System der Weltklasse, das SYSTEM ONE (Ausführliches darüber auf Seite 16/17). Dank des besonderen FOCUSED FIELD-Aufnahme-/Wiedergabekopfes aus einer Speziallegierung mit kristalliner Molekularstruktur und der Spitzenwert-Anzeigeinstrumente sowie einer neuartigen Schaltung zur Intermodulationsunterdrückung ist es möglich, Aufnahmen so auszusteuern, daß die größeren Amplituden im mittleren Frequenzbereich die obere Grenze der Anzeigeskala erreichen. Diese liegt bei dem hervorragenden Wert von +7 dB (0 dB = 200 nW/m).

## FOCUSED FIELD-Tonkopf

Die Vorteile dieses Tonkopfes, die erheblichen Verbesserungen der Aufnahme und Wiedergabe, sind auf Seite 7 ausführlich erläutert.

## Band-Laufwerk

Durch die bei Nakamichi Cassettentonbandgeräten übliche präzise, stabile und zuverlässige Mechanik garantiert auch das Nakamichi 600 minimale Gleichlaufschwankungen. Sie liegen gemessen nach DIN 45507 unter 0,12 % (das entspricht einem bewerteten Effektivwert (RMS) von weniger als 0,08 %).
Der Antrieb erfolgt durch einen hochwertigen Gleichstrom-Servomotor, der für eine konstante und genaue Bandgeschwindigkeit sorgt, unabhängig von Schwankungen der Netzspannung oder -frequenz.

## Dolby-System®

Rauschunterdrückungssystem zur Verbesserung des Geräuschspannungsabstandes bei Aufnahme und Wiedergabe.

## Bandanpassung

Unabhängig voneinander schaltbare Vormagnetisierung und Entzerrung zur optimalen Anpassung der jeweils verwendeten Bandsorte.

## Phasenkorrektur

Phasenverschiebungen galten lange Zeit bei Bandaufnahmen als unvermeidbar. Ein leichter Pegelabfall, die Veränderung der Tonqualität oder die Beeinflussung des Dolby®-Systems und Intermodulationen kennzeichneten die Auswirkungen der Phasenverschiebung. Die Phasenkorrektur des Nakamichi 600 schaltet diese Probleme aus.

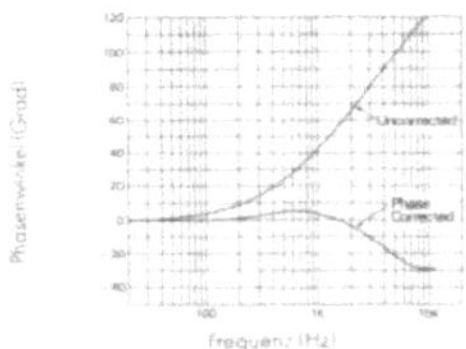


Phasenkorrektur für Aufnahme/Wiedergabe

## 400 Hz Testton

Um jede Differenz und damit hörbare Klangverfärbungen zwischen Dolby-Aufnahme- und Wiedergabepegel zu vermeiden, besitzt das Nakamichi 600 die Möglichkeit, den Aufnahmepegel über spezielle Regler und einen eingebauten verzerrungsarmen 400 Hz Oszillator genau zu kalibrieren. Damit ist erreicht, daß ein bei 0 dB aufgenommenes Signal auch mit 0 dB (±1 dB) wiedergegeben wird.

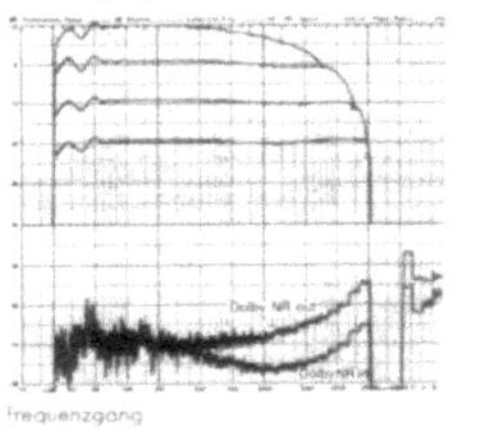

| | |
|---|---|
| Frequenzgang | |
| Rauschpegel | |
| Band | SX |
| Vormagnetisierung | SX |
| Entzerrung | 70µs |
| Klirrfaktor | 1,2 % (ohne Intermodulationsunterdrückung) |
| 0 dB | 200 nW/m |

## Multiplex-Filter

Das Vorhandensein des 19 kHz-Stereo-Trägersignals bei UKW-Stereo-Rundfunksendungen kann dazu führen, daß die höheren Frequenzen bei der Aufnahme schlecht verarbeitet werden. Das eingebaute Multiplex-Filter des Nakamichi 600 aktiviert eine Schaltung, die das 19 kHz-Trägersignal herausfiltert.

## Aussteuerung

Die Spitzenwert-Anzeigeinstrumente mit ihrer außergewöhnlich kurzen Ansprechzeit und dem relativ langsamen Abklingen sind genaue Indikatoren auftretender Dynamikspitzen. Der große, 47 dB umfassende Anzeigebereich erlaubt die einwandfreie Kontrolle des gesamten Dynamikbereichs der meisten Musikprogramme. In Verbindung mit der hervorragenden Übersteuerungsreserve des Nakamichi 600 ermöglichen die Spitzenwert-Anzeigeinstrumente geräuscharme und verzerrungsfreie Aufnahmen.

## Eingangspegel

Nach der richtigen Einstellung des linken und rechten Kanals unter Benutzung der entsprechenden Pegelregler, kann der gesamte Aufnahmepegel gleichzeitig mit dem MASTER-Eingangspegelregler eingestellt werden. Ein- und Ausblendeffekte sind mit diesem Regler einfach zu erzielen.

## Bandzählwerk mit Memory-Schaltung

Diese Schaltung dient zum mühelosen Auffinden bestimmter Aufnahmen innerhalb einer Cassette. Nach Einschaltung der Memory-Taste erfolgt der automatische Bandstop bei der Zählwerkanzeige „000".

## Schaltuhr

Die Aufnahme oder Wiedergabe kann automatisch mit einer üblichen elektrischen Netz-Schaltuhr zu einem vorgewählten Zeitpunkt gestartet werden.

## Bedienung

Das praktische und funktionsbetonte Design des Nakamichi 600 bietet den Vorteil, daß sämtliche Bedienungs- und Einstellelemente einschließlich der Kalibrierregler auf der Frontplatte angeordnet und damit schnell und bequem zu handhaben sind.

Wiedergabe-Ausgangspegel in Abhängigkeit vom Eingangspegel

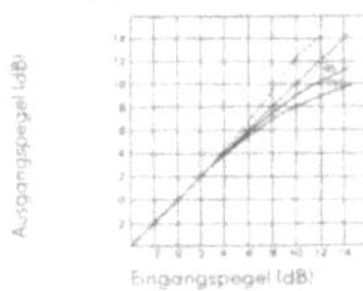


| | |
|---|---|
| Band | SX |
| Vormagnetisierung | SX |
| Entzerrung | 70µs |
| Dolby | ein |
| 0 dB | 200 nW/m |
| Frequenz | 400 Hz |

Charakteristik der Intermodulationsunterdrückung.
Verzerrung in Abhängigkeit vom Eingangspegel.

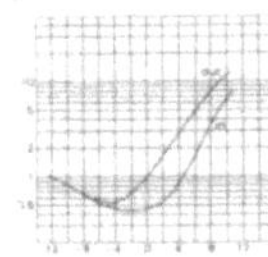


| | |
|---|---|
| Band | SX |
| Vormagnetisierung | SX |
| Entzerrung | 70 µs |
| Dolby | aus |
| 0 dB | 200 nW/m |
| Frequenz | 400 Hz |

## Zubehör

Bedienungsanleitung,
Abdeckhaube,
Reinigungsset,
Cassette C 60,
Überspielleitungen.

## Sonderzubehör

Entmagnetisierer DM 10.

Ausführliche technische Daten auf Seite 30/31.

Dieses zur Nakamichi SYSTEM ONE-Serie gehörende HiFi-Cassettendeck findet in den Vorverstärkern 410 und 610 die ideale Ergänzung. Die Kombination mit einem dieser beiden Geräte garantiert durch die große Vielseitigkeit und die kompromißlose Qualität mit entsprechenden Mikrofonen Live-Aufnahmen von professionellem Zuschnitt.

Ausführliche technische Daten auf Seite 14/15.

# ERINNERUNGEN AN LOU OTTENS' COMPACT CASSETTE & RECORDER

LOU OTTENS

Uwe H. Sültz

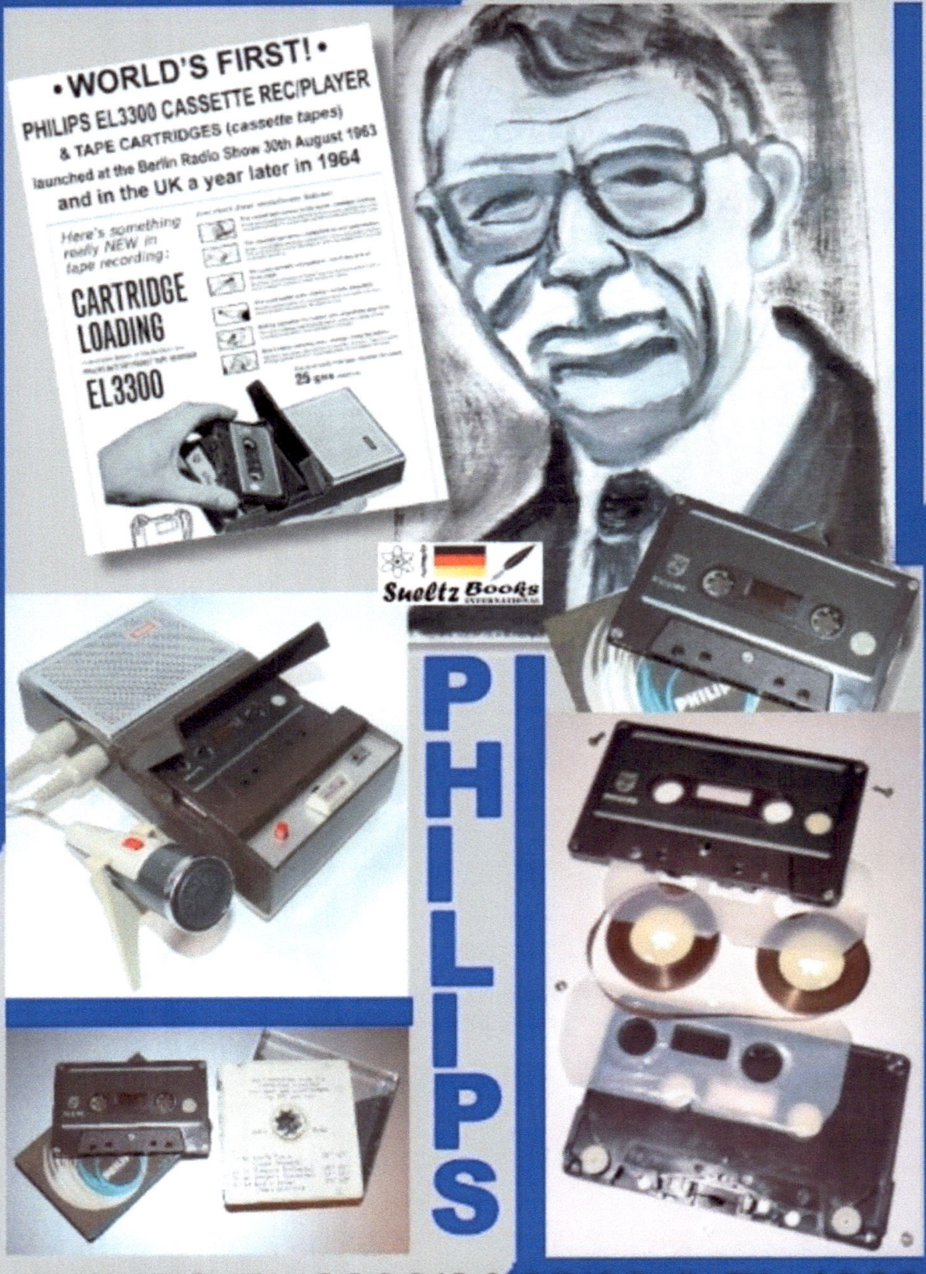


IN MEMORIAM

1926 - 2021

PHILIPS EL 3300/01/02/03 & EL 1903

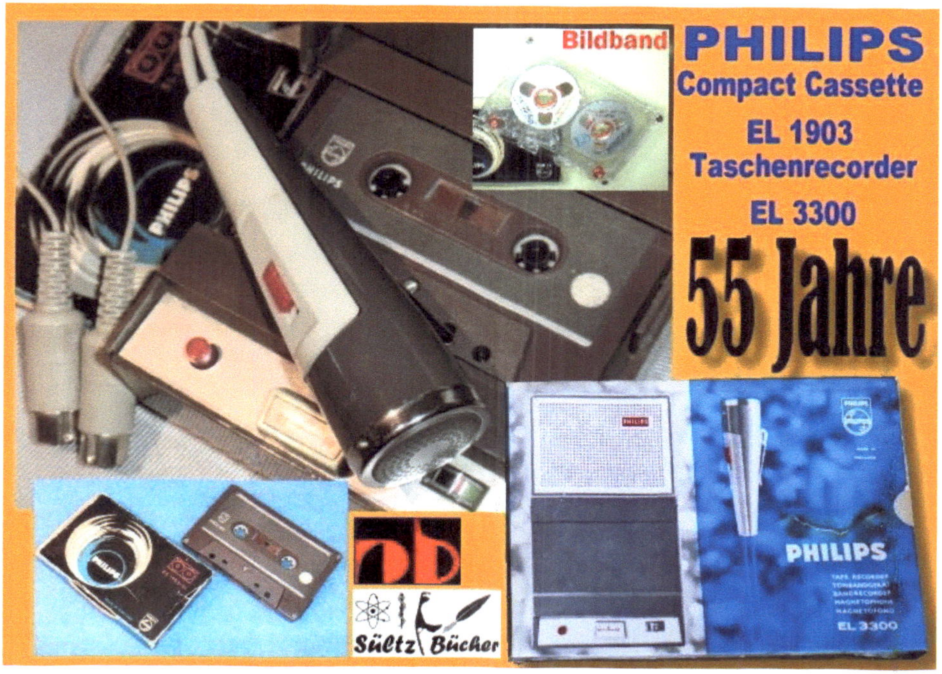
Bildband
PHILIPS
Compact Cassette
EL 1903
Taschenrecorder
EL 3300
55 Jahre
Sültz Bücher
PHILIPS
EL 3300

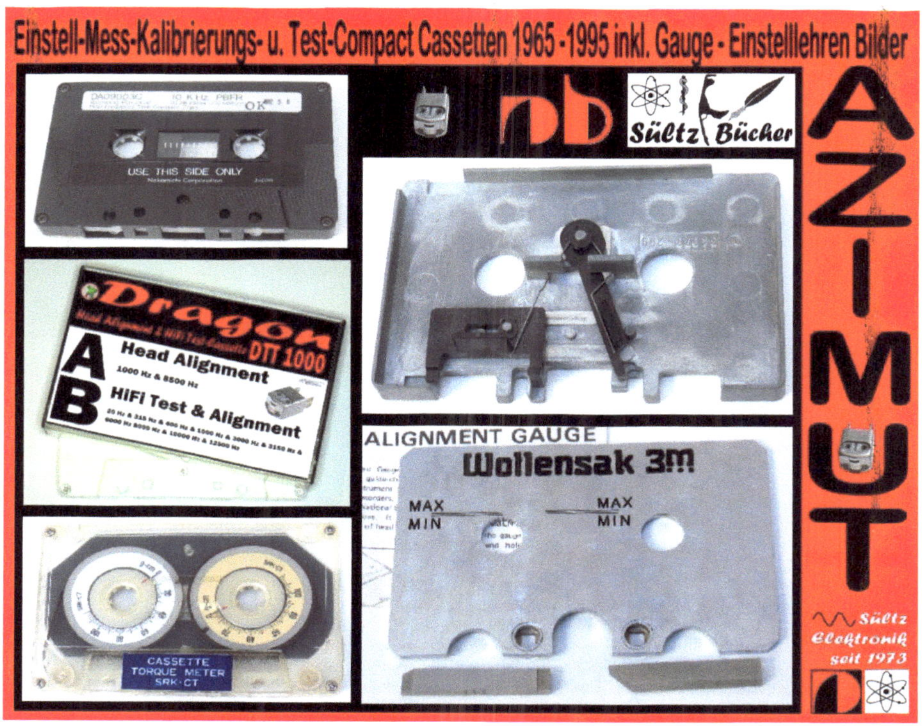
Einstell-Mess-Kalibrierungs- u. Test-Compact Cassetten 1965 -1995 inkl. Gauge - Einstelllehren Bilder
AZIMUT
Sültz Bücher
USE THIS SIDE ONLY
Dragon
DTT 1000
A Head Alignment
1000 Hz & 8500 Hz
B HiFi Test & Alignment
ALIGNMENT GAUGE
Wollensak 3M
MAX
MIN
MAX
MIN
CASSETTE
TORQUE METER
SRK-CT
Sültz
Elektronik
seit 1973

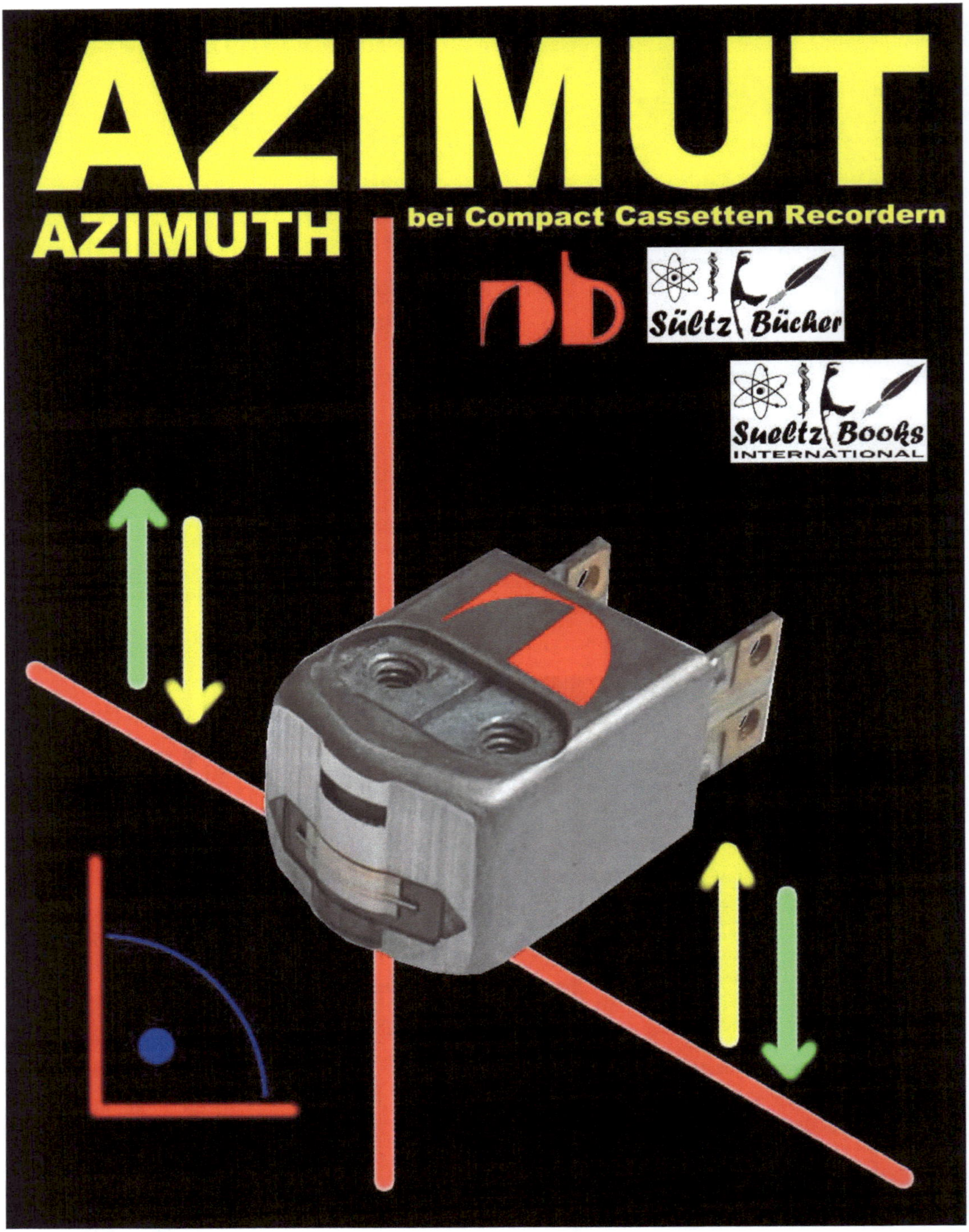
AZIMUT
AZIMUTH
bei Compact Cassetten Recordern
Sültz Bücher
Sueltz Books
INTERNATIONAL

# TONKOPFEINSTELLUNG MIT DER DRAGON EINSTELL-COMPACT-CASSETTE AN NAKAMICHI-CHASSIS ERKLÄRT

Sültz Bücher

Seit 1973 Azimut-Service
Schritt für Schritt
durchgeführt und hier erklärt!

Uwe H. Sültz
Autor

**Brille vergessen?**
**SÜLTZ' Bücher**
**mit der größeren Schrift!**

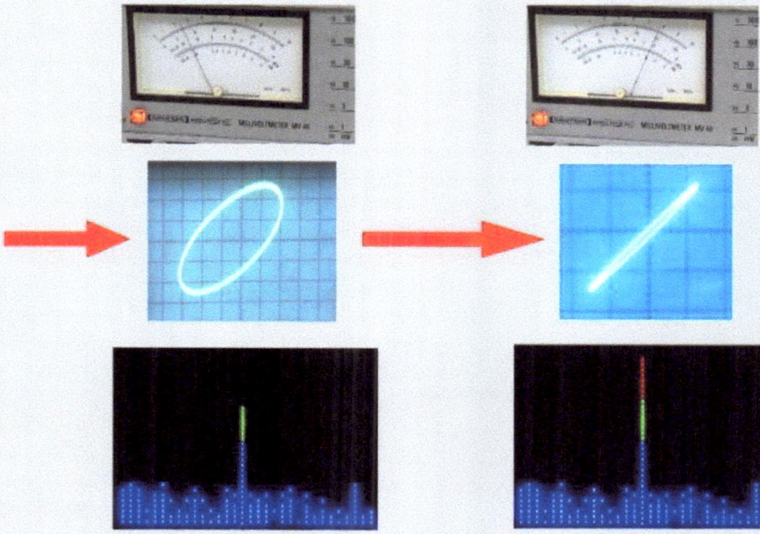

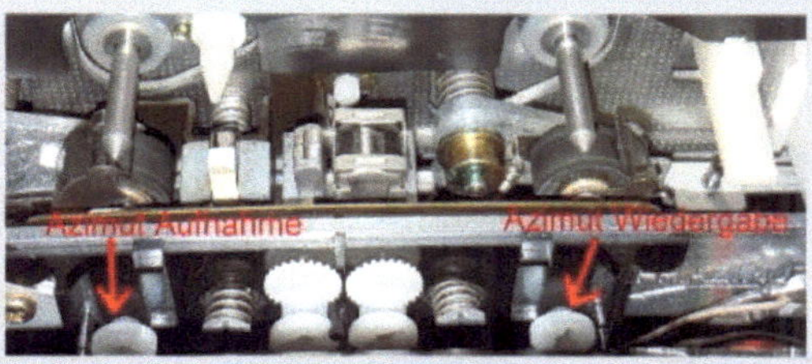


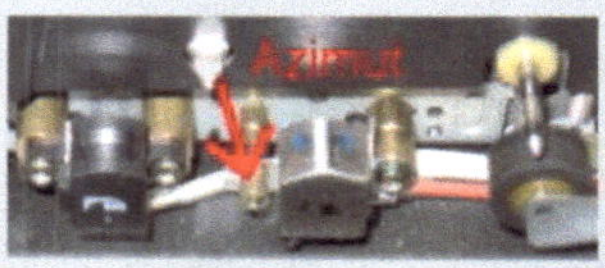

# Compact Cassetten REPORT

**Teil 2:**

**Sammeln - Tipps - Kaufberatung - Geschichte**

## Compact Cassetten der Kaufhäuser, des Elektrohandels und der Zulieferer

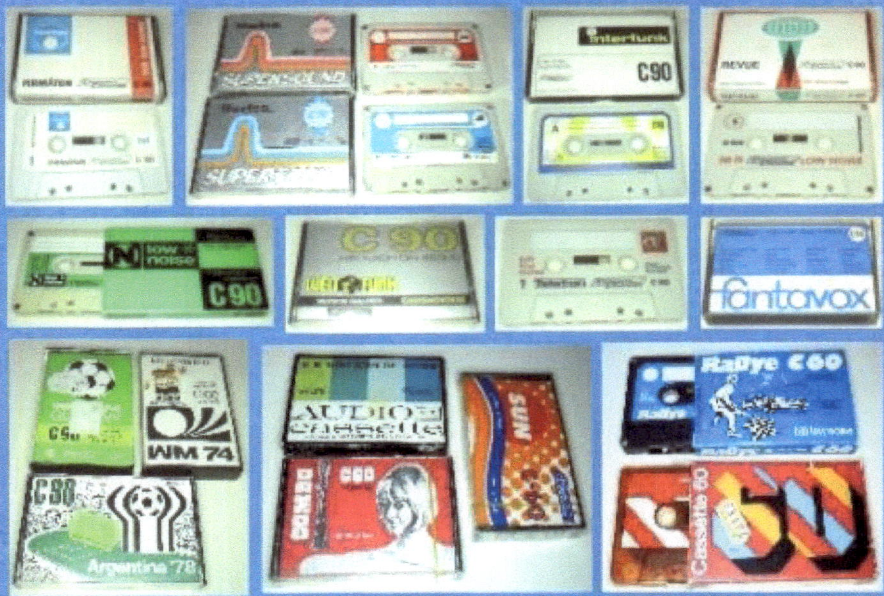


**WOOLWORTH HERTIE WALTHAM METRO**
**HORTEN NECKERMANN INTERFUNK**
**QUELLE KARSTADT KEPA EDEKA**

Uwe H. Sültz

Sültz Bücher

Compact Cassetten Bücher

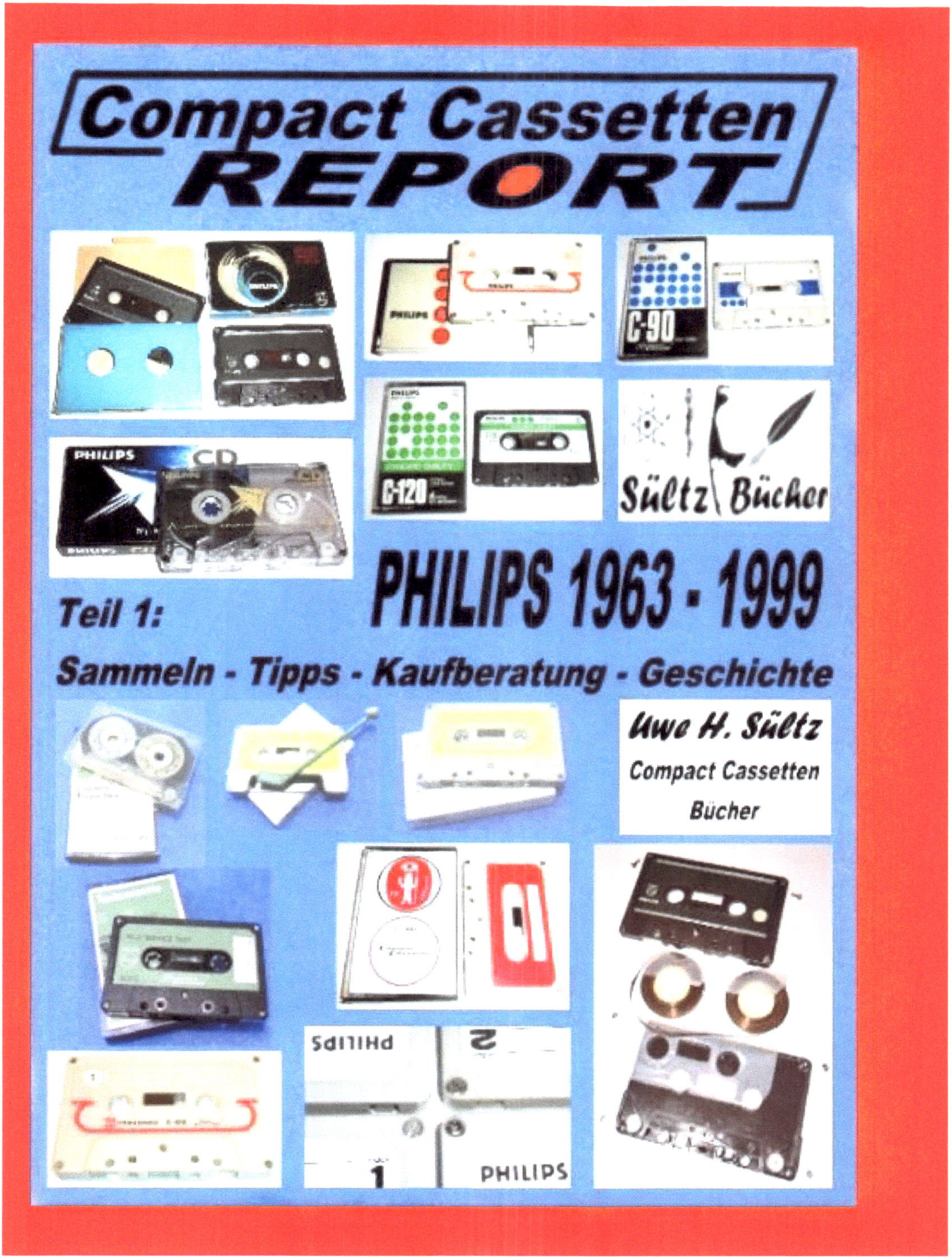
Compact Cassetten
REPORT
PHILIPS
C-90
C-120
Sültz Bücher
PHILIPS 1963 - 1999
Teil 1:
Sammeln - Tipps - Kaufberatung - Geschichte
Uwe H. Sültz
Compact Cassetten
Bücher
PHILIPS
1
PHILIPS

Compact Cassetten Recorder
REPORT
Uwe H. Sültz
O Neuaufbau eines PHILIPS EL 3302 O Gedichte
O Service-Cassetten O Erste Cassetten großer Marken
O Geräte mit EL 33XX Chassis O Einlochkassette
O EL 3300 erste & zweite Ausführung O Geschichten
PHILIPS
Sültz Bücher

# Compact Cassetten REPORT

## PHILIPS Einloch-Kassette vs. PHILIPS Compact-Cassette

Sültz Bücher

Uwe H. Sültz

Sonderausgabe
Fotobrillant-Druck

... and the winner is...

Kalender 2063
100 Jahre
Compact Cassetten
1963 - 2063
PHILIPS
Uwe H. Sültz
FOTOKALENDER FÜR 2063
IN BRILLANT-DRUCK MIT
ZUM TEIL SELTENEN
CASSETTEN + INFOS
AUF 60 SEITEN.

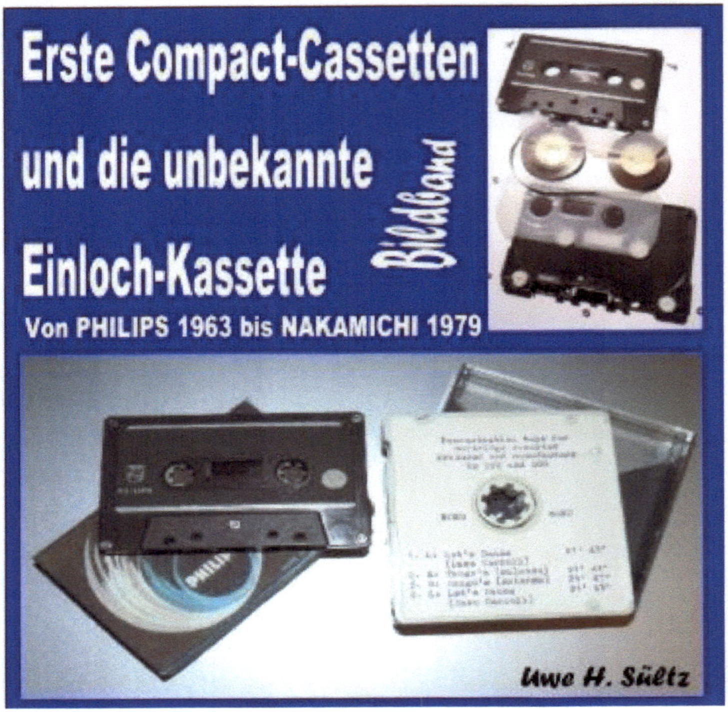
Erste Compact-Cassetten
und die unbekannte
Einloch-Kassette
Bildband
Von PHILIPS 1963 bis NAKAMICHI 1979
Uwe H. Sültz

Für 350
Compact
Cassetten
Mein
Compact
Cassetten
Sammelbuch
Listen für
Inhalte und
Einstellungen
Uwe H. Sültz

# ELAC
## CD 400

**ELAC CD 400, CD 500, CD 520**

**mit den NAKAMICHI Chassis**

# 45 Jahre

Sültz Bücher

Sültz Bücher
Cassetten-Tonbandgerät
ELAC CD 400 + CD 500 + CD 520
Bedienungsanleitung

Sültz Bücher
Cassetten-Tonbandgerät
ELAC CD 600
ELAC NAKAMICHI 500
NAKAMICHI 500
Bedienungsanleitung

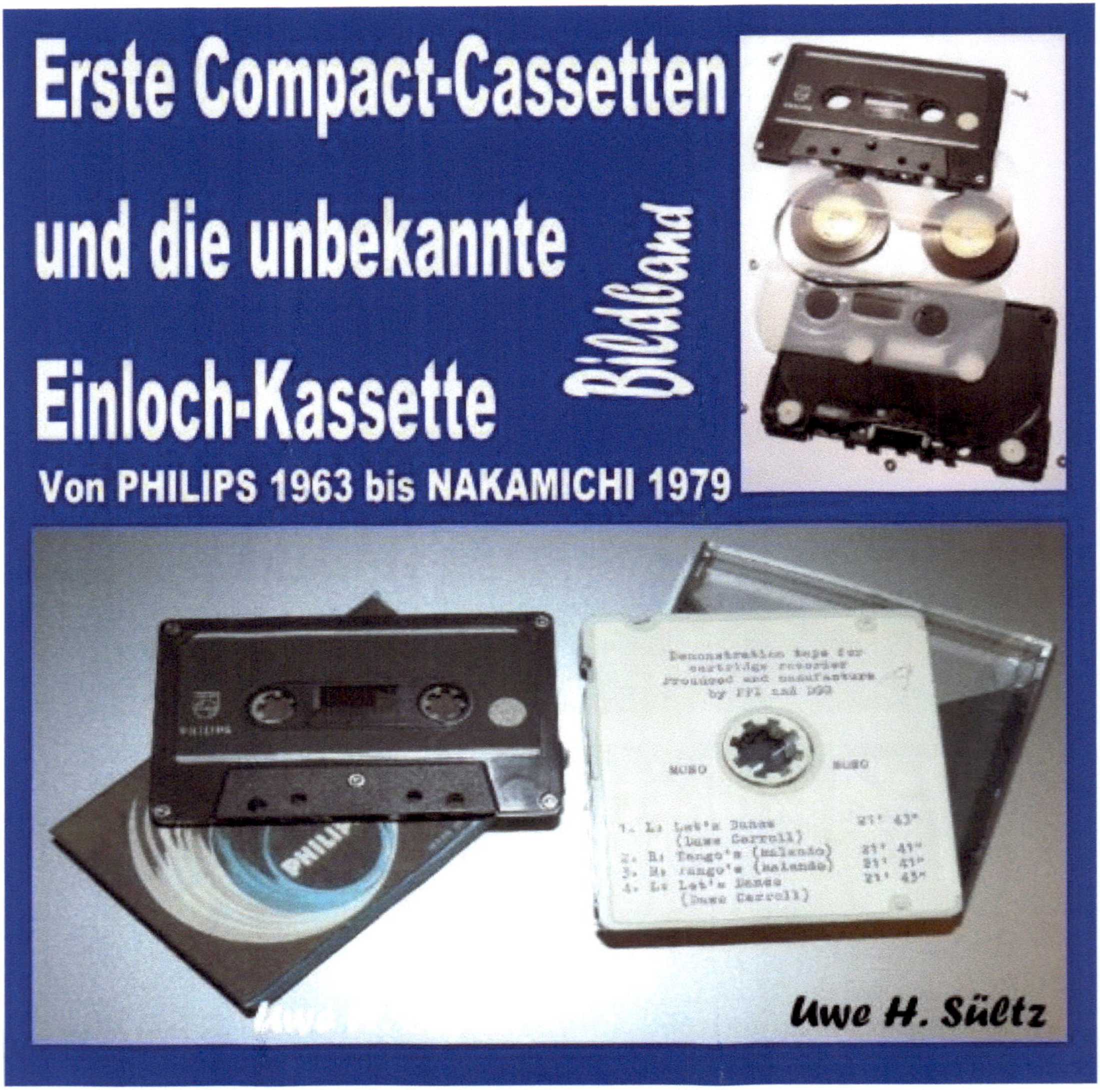
Erste Compact-Cassetten
und die unbekannte
Einloch-Kassette
Bildband
Von PHILIPS 1963 bis NAKAMICHI 1979
Uwe H. Sültz

# Sammel- oder Ersatz-Cover für NAKAMICHI COMPACT CASSETTEN 1973 bis 1982

Sültz Bücher

**120g-Papier**

**in Brillant-Druck**

**22 Stück**

**Ringbindung für einfaches Entnehmen der Cover**

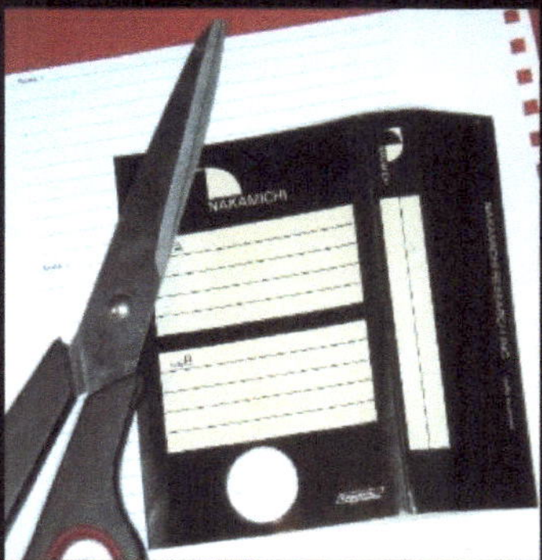


**Sie besitzen eine sammelwürdige Compact Cassette?**
**Das Cover fehlt oder ist beschriftet?**

**Cover ausschneiden, falten und einlegen!**

**Ein SÜLTZ Sammelbuch**

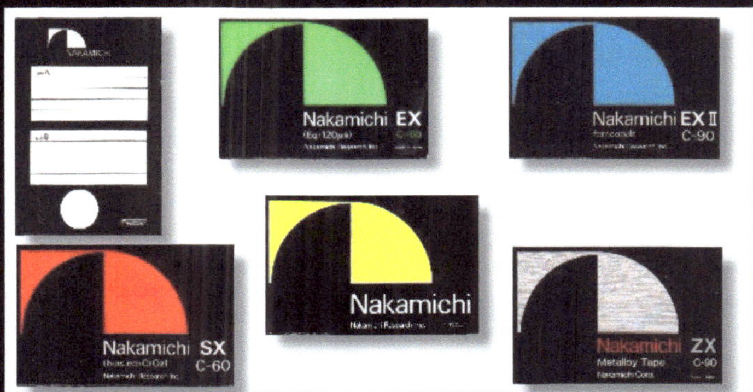


***Teil 5***

**Für NAKAMICHI *Compact Cassetten der Baujahre 1973 bis 1982 als Ersatz bei fehlenden ober beschrifteten Cover***

**Je 2 Cover** FIRST EXII EX DEMO SX ZX **C-15, C-60 und C-90**

# Sammel- oder Ersatz-Cover für PHILIPS COMPACT CASSETTEN 1966 bis 1970

**120g-Papier**
**in Brillant-Druck**
**Ringbindung für einfaches Entnehmen der Cover**

## 1x C-30 11x C-60 8x C-90 6x C-120

Sie besitzen eine sammelwürdige Compact Cassette?
Das Cover fehlt oder ist beschriftet?
Hier ist ein Ersatz-Cover:

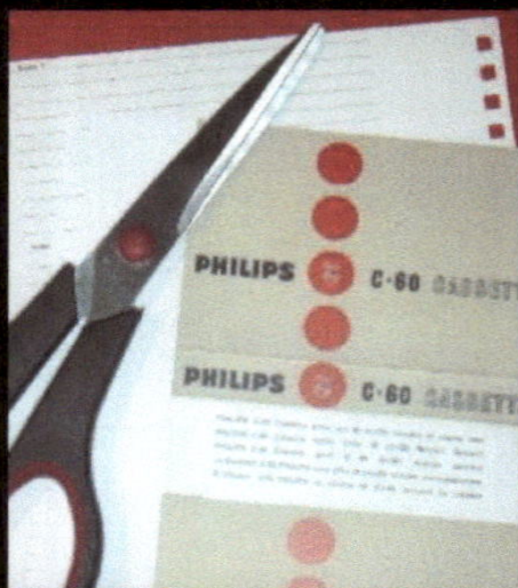


Cover ausschneiden, falten und einlegen!

**Ein SÜLTZ Sammelbuch**

***Teil 1***

*Für* **PHILIPS** *Compact Cassetten der Baujahre 1966 bis 1970 als Ersatz bei fehlenden ober beschrifteten Cover*

# HIGH FIDELITY VINTAGE

TEIL 1:

## PHILIPS Cassetten Recorder EL 3300 & Co.
## Erfolgreich von 1963 bis 1976

Bildband

Uwe H. Sültz - Sylt

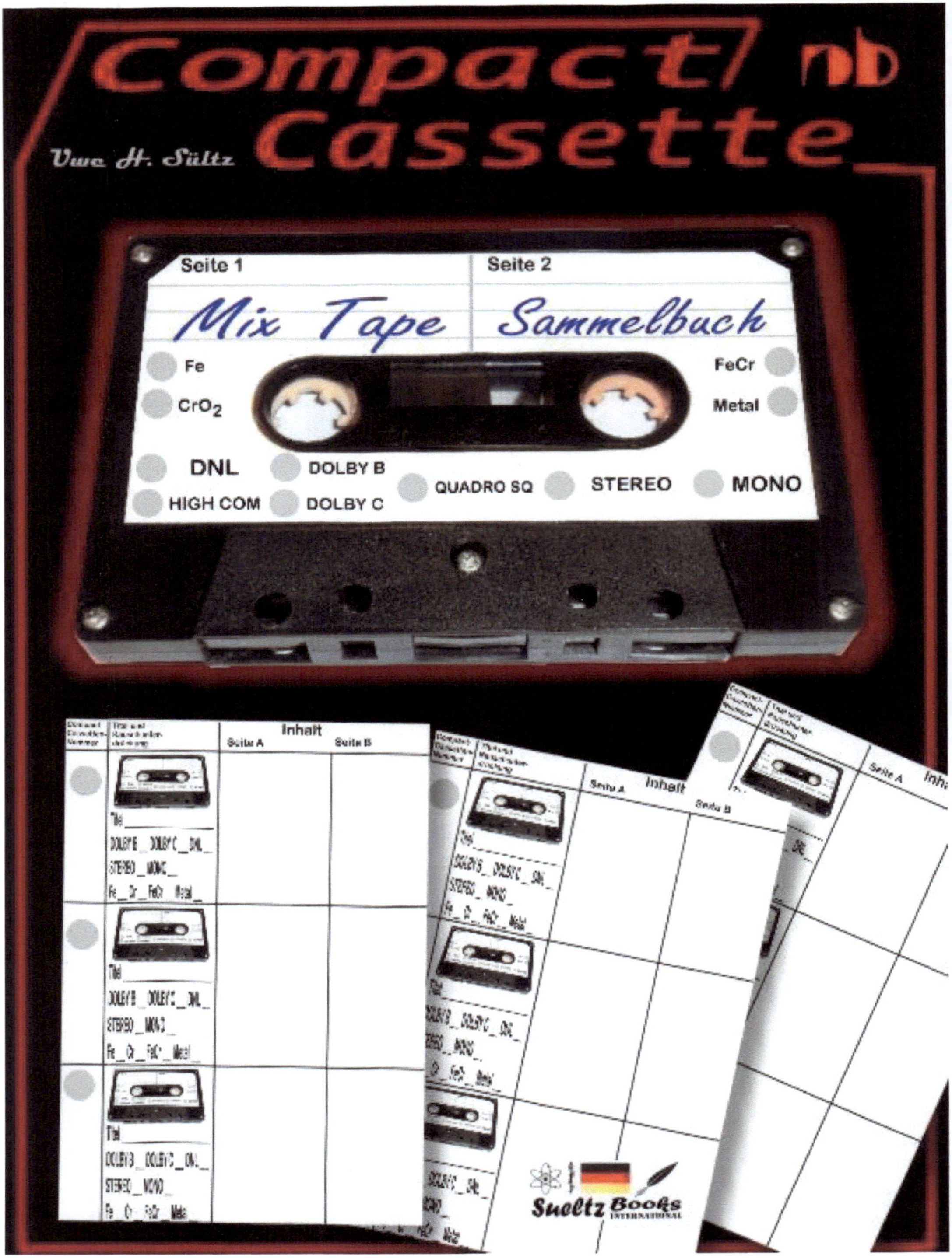
Compact Cassette
Uwe H. Sültz
Seite 1
Seite 2
Mix Tape
Sammelbuch
Fe
CrO2
FeCr
Metal
DNL
HIGH COM
DOLBY B
DOLBY C
QUADRO SQ
STEREO
MONO
Inhalt
Seite A
Seite B
Sueltz Books
INTERNATIONAL

# Mix Tape
# Compact Cassette

## Mein Sammelbuch
## ... für 168 Musik-Kassetten

BoD - Books on Demand
Norderstedt 2021

Renate & Uwe H. Sültz
Bücher von A bis Z

Das wunderbare Comeback der Compact Cassette
Sültz Bücher
1
C-60
Bildband in Farbe
auf Fotobrillant-Papier (200g)
Das wunderbare Comeback der Compact Cassette
inkl. Tipps und Service am NAKAMICHI-Chassis
Sültz Bücher
C-60
C-60
GOLD EDITION
UWE H. SÜLTZ

DIE SCHALLPLATTE
Vinyl LP Single
Mein Sammelbuch
ELAC
Sueltz Books

Vinyl
Sültz Bücher